中华人民共和国工业和信息化部批准

电子建设工程预算定额

HYD 41-2015

第三册

音频、视频、灯光及集中控制系统工程

中国计划出版社

图书在版编目(CIP)数据

电子建设工程预算定额:HYD 41-2015.第3册,音频、视频、灯光及集中控制系统工程/工业和信息化部电子工业标准化研究院主编.—北京:中国计划出版社,2015.11

ISBN 978-7-5182-0263-8

Ⅰ.①电… Ⅱ.①工… Ⅲ.①电子工业-建筑安装-建筑预算定额-中国 Ⅳ.①TU723.3

中国版本图书馆CIP数据核字(2015)第242867号

电子建设工程预算定额 HYD 41-2015

第三册 音频、视频、灯光及集中控制系统工程

工业和信息化部电子工业标准化研究院 主编

中国计划出版社出版

网址:www.jhpress.com

地址:北京市西城区木樨地北里甲11号国宏大厦C座3层

邮政编码:100038 电话:(010) 63906433(发行部)

新华书店北京发行所发行

北京市科星印刷有限责任公司印刷

880mm×1230mm 1/16 6.25印张 176千字

2015年11月第1版 2015年11月第1次印刷

印数1—5000册

ISBN 978-7-5182-0263-8

定价:58.00元

主编单位：工业和信息化部电子工业标准化研究院

批准部门：中华人民共和国工业和信息化部

执行日期：二〇一五年八月一日

工业和信息化部办公厅关于发布《电子建设工程概（预）算编制办法及计价依据》和《电子建设工程预算定额》的通知

工信厅规〔2015〕77号

各省、自治区、直辖市、计划单列市工业和信息化主管部门，各有关单位：

为适应电子建设工程的需要，合理确定和有效控制工程造价，我部组织修订了《电子建设工程概（预）算编制办法及计价依据》和《电子建设工程预算定额》。经审查，现批准发布，自2015年8月1日起实施。

原信息产业部于2005年发布的《电子建设工程概（预）算编制办法及计价依据》和《电子建设工程预算定额》（信部规〔2005〕36号）同时停止执行。

本《电子建设工程概（预）算编制办法及计价依据》和《电子建设工程预算定额》由部电子工业标准化研究院负责具体解释和管理并组织出版、发行。

附件：《电子建设工程概（预）算编制办法及计价依据》和《电子建设工程预算定额》目录

中华人民共和国工业和信息化部办公厅

2015年7月14日

附件：

《电子建设工程概（预）算编制办法及计价依据》和《电子建设工程预算定额》目录

1.《电子建设工程概（预）算编制办法及计价依据》

2.《电子建设工程预算定额》（第一册）：计算机及网络系统工程，综合布线系统工程，安全防范系统工程，道路交通、停车场系统工程，自动售检票系统工程，住宅小区管理系统工程，建筑设备自动化系统工程

3.《电子建设工程预算定额》（第二册）：雷达工程，有线电视、卫星接收系统工程，专业通信工程

4.《电子建设工程预算定额》（第三册）：音频、视频、灯光及集中控制系统工程

5.《电子建设工程预算定额》（第四册）：电磁屏蔽室安装工程

6.《电子建设工程预算定额》（第五册）：洁净厂房、数据中心及电子环境工程

说　明

一、《电子建设工程预算定额》（以下简称本定额）包括：

第一册：计算机及网络系统工程，综合布线系统工程，安全防范系统工程，道路交通、停车场管理系统工程，自动售检票系统工程，住宅小区管理系统工程，建筑设备自动化系统工程。

第二册：雷达工程，有线电视、卫星接收系统工程，专业通信工程。

第三册：音频、视频、灯光、集中控制系统工程。

第四册：电磁屏蔽室安装工程。

第五册：洁净厂房、数据中心及电子环境工程。

二、本定额是编制施工图预算、进行工程招投标、签订建设工程承包合同、拨付工程款和办理竣工结算的依据；是统一电子工程预（结）算工程量计算规则、项目划分及计量单位的依据；是编制概算定额、概算指标和估算指标的基础；是完成规定计量单位分项工程计价所需的人工、材料、施工机械和仪器仪表的消耗量标准；也可作为制订企业定额和投标报价的参考。

三、本定额是依据国家有关现行产品标准、设计规范、施工验收规范、技术操作规程、质量评定标准和安全操作规程编制的。

四、本定额是按目前国内大多数施工企业采用的施工方法、机械、仪器仪表装备程度、合理的工期和劳动组织条件进行编制的。

五、本定额是按下列正常的施工条件进行编制的：

1. 设备、材料、成品、半成品和构件完整无损，符合质量标准和相应设计要求，附有合格证书和试验记录。

2. 安装工程和土建工程之间的交叉作业正常。

3. 安装地点、建筑物、设备基础和预留孔洞等均符合安装要求。

4. 水、电供应均满足安装施工正常使用。

5. 正常的气候、地理条件和施工环境。

六、人工工日消耗量的确定和计算方法：

1. 本定额的人工工日单价按照编制期工程所在地人力资源和社会保障部门所发布的最低工资标准，即：普工 1.3 倍、安装工 2.265 倍、调试工 3.26 倍取定的。

2. 人工费计算方法：∑（工程量 × 工日定额消耗量 × 综合工日单价）。

七、材料消耗量的确定和计算方法：

1. 本定额中的材料消耗量包括直接消耗在安装工作内容中的主要材料、辅助材料和零星材料等，并计入了相应损耗，其内容和范围包括：从工地仓库、现场集中堆放地点或现场加工地点到操作或安装地点的运输损耗、施工操作损耗和施工现场堆放损耗。

2. 凡定额内未注明单价的材料，基价中不包括其价格。可根据市场预算价格调整计算。

3. 用量很少，对基价影响很小的零星材料费合并为其他材料费，计入材料费内。

4. 材料费计算方法：∑（工程量 × 材料定额消耗量 × 材料预算单价）。

八、施工机械台班消耗量的确定和计算方法：

1. 本定额的施工机械台班消耗量是按正常合理的机械配备，机械施工工效测算确定的。

2. 凡单位价值在2000元以内，不构成固定资产的小型机械合并为其他机械费，计入机械费内。

3. 机械使用费计算方法：∑（工程量 × 机械定额消耗量 × 机械台班预算单价）。

九、施工仪器仪表台班消耗量的确定和计算方法：

1. 本定额的施工仪器仪表台班消耗量是按电子工程项目设计标准和施工验收规范的要求，根据技术性能测量、调试、检测所需仪器仪表的消耗量取定的。

2. 凡单位价值在2000元以内，不构成固定资产的小型仪器仪表使用费，合并为其他仪器仪表费，计入仪器仪表费内。

3. 仪器仪表使用费计算方法：∑（工程量 × 仪器仪表定额消耗量 × 仪器仪表台班预算单价）。

十、关于水平和垂直运输：

1. 设备：包括自安装现场指定堆放地点运至安装地点的水平运输，取定为100m。

2. 材料、成品、半成品：包括自施工单位现场仓库或现场指定堆放地点运至安装地点的水平运输，取定为300m。

3. 垂直运输基准面：室内以室内地平面为基准面，室外以安装现场地平面为基准面，按5m以内编制。

十一、有关建设项目工程费用按《电子建设工程概（预）算编制办法及计价依据》中规定计取。

十二、本定额所涉及的系统试运行（除有特殊要求外）是按连续无故障运行120小时考虑的，超出时费用另行计算。

十三、电子建设工程二次深化设计按专业工程估算造价的2%～3%计取，列入工程造价。

十四、本定额中注有“×××以内”或“×××以下”者，均包括×××本身；“×××以外”或“×××以上”者，则不包括×××本身。

十五、本说明的未尽事宜，详见各章说明。

十六、为了提高定额质量，请各单位和个人在执行本定额的过程中，认真总结经验，积累资料，如发现需要修改或补充之处，请将意见和建议反馈给电子工程标准定额站（地址：北京市东城区安定门东大街1号；邮政编码：100007；电话：64102718、64102656；传真：64102655；网址：www.ceecm.gov.cn；E-mail：postmaster@ceecm.gov.cn），以供今后修订时参考。

目　录

第一章
音频系统工程

说明及工程量计算规则

说　明

1. 本章主要内容包括：扩声系统、会议系统、公共广播、背景音乐系统设备安装调试及分系统调试、系统联调、系统测量和试运行。

2. 布线施工是在土建管道、桥架等满足施工条件下进行的。

3. 本章定额不包括设备固定架、支架的制作、安装。

4. 线阵列音箱安装按单台音箱重量分别套用定额子目计取。

5. 公共广播系统设备安装中未含的插头、插座、屏蔽软线等材料的消耗量，如有需要，可按实际发生计取。

6. 有关室内外传输线缆敷设，参考本套定额第一册《计算机及网络系统工程　综合布线系统工程　安全防范系统工程　道路交通、停车场管理系统工程　自动售检票系统工程　住宅小区管理系统工程　建筑设备自动化系统工程》中综合布线系统工程的相关子目。

工程量计算规则

1. 信号源设备安装，以“只”计算。

2. 卡座、CD机、VCD/DVD机、DJ搓盘机、MP3播放机安装，以“台”计算。

3. 耳机安装，以“副”计算。

4. 调音台、周边设备、功率放大器、扬声器、电源和会议设备安装，以“台”计算。

5. 扩声分系统调试、系统联调、试运行，以“系统”计算。

6. 公共广播、背景音乐系统，分系统调试、系统联调、系统测量、试运行，以“系统”计算。

第一节　扩声系统设备安装、调试

一、信号源设备安装

工作内容：开箱检验、做传声器输入插头等。　　计量单位：只

定额编号					11001001	11001002
项目名称					传声器（动圈、电容、驻极体）	无线传声器
预算基价					39.25	56.53
其中	人工费（元）				36.45	51.03
	材料费（元）				2.30	5.00
	机械费（元）				—	—
	仪器仪表费（元）				0.50	0.50
	名称	代号	单位	单价（元）	数量	
人工	安装工	1002	工日	145.80	0.250	0.350
材料	其他材料费	2999	元	—	2.300	5.000
仪器仪表	其他仪器仪表费	4999	元	—	0.500	0.500

工作内容：开箱检验、做安装输入插头、上机柜、电源供电和其他设备连接。　　计量单位：台

定额编号					11001003	11001004	11001005	11001006	11001007
项目名称					无线传声器（多通道）	卡座	CD/DVD 机	DJ 搓盘机	MP3 播放机
预算基价					149.10	46.40	46.54	46.54	46.54
其中	人工费（元）				145.80	43.74	43.74	43.74	43.74
	材料费（元）				2.30	2.30	2.30	2.30	2.30
	机械费（元）				—	—	—	—	—
	仪器仪表费（元）				1.00	0.36	0.50	0.50	0.50
	名称	代号	单位	单价（元）	数量				
人工	安装工	1002	工日	145.80	1.000	0.300	0.300	0.300	0.300
材料	其他材料费	2999	元	—	2.300	2.300	2.300	2.300	2.300
仪器仪表	其他仪器仪表费	4999	元	—	1.000	0.360	0.500	0.500	0.500

工作内容：开箱检验、做安装输入插头、上机柜、电源供电和其他设备连接、调试。　　计量单位：台

定额编号					11001008
项目名称					跳线盘（舞台接口箱）
预算基价					121.92
其中	人工费（元）				116.64
	材料费（元）				4.20
	机械费（元）				—
	仪器仪表费（元）				1.08
	名称	代号	单位	单价（元）	数量
人工	安装工	1002	工日	145.80	0.800
材料	其他材料费	2999	元	—	4.200
仪器仪表	其他仪器仪表费	4999	元	—	1.080

二、调音台（模拟、空间成像、数字）安装

工作内容：开箱检验、做安装信号源设备输入插头、上机柜、接电缆、电源供电和其他辅助设备连接线、调试。

计量单位：台

定额编号					11002001	11002002	11002003	11002004
项目名称					自动混音台		调音台（上机柜）	
					4路	8路	4+2/2	6+2/2
预算基价					75.56	149.54	112.37	149.54
其中	人工费（元）				72.90	145.80	109.35	145.80
	材料费（元）				2.30	2.30	2.30	2.30
	机械费（元）				—	—	—	—
	仪器仪表费（元）				0.36	1.44	0.72	1.44
	名称	代号	单位	单价（元）	数量			
人工	安装工	1002	工日	145.80	0.500	1.000	0.750	1.000
材料	其他材料费	2999	元	—	2.300	2.300	2.300	2.300
仪器仪表	其他仪器仪表费	4999	元	—	0.360	1.440	0.720	1.440

工作内容：开箱检验、做安装信号源设备输入插头、上机柜、接电缆、电源供电和其他辅助设备连接线、调试。

计量单位：台

定额编号					11002005	11002006	11002007	11002008
项目名称					调音台（上机柜）			
					8+4/2	8+2/2/2	12+4/2	16/2/2
预算基价					186.35	222.80	259.25	368.96
其中	人工费（元）				182.25	218.70	255.15	364.50
	材料费（元）				2.30	2.30	2.30	2.30
	机械费（元）				—	—	—	—
	仪器仪表费（元）				1.80	1.80	1.80	2.16
名称		代号	单位	单价（元）	数量			
人工	安装工	1002	工日	145.80	1.250	1.500	1.750	2.500
材料	其他材料费	2999	元	—	2.300	2.300	2.300	2.300
仪器仪表	其他仪器仪表费	4999	元	—	1.800	1.800	1.800	2.160

工作内容：开箱检验、做安装信号源设备输入插头、上机柜、接电缆、电源供电和其他辅助设备连接线、调试。

计量单位：台

定额编号					11002009	11002010	11002011	11002012
项目名称					调音台			
					12/3	12+4/4/2	16/3	16+4/4/2
预算基价					295.70	332.51	354.38	413.06
其中	人工费（元）				291.60	328.05	349.92	408.24
	材料费（元）				2.30	2.30	2.30	2.30
	机械费（元）				—	—	—	—
	仪器仪表费（元）				1.80	2.16	2.16	2.52
名称		代号	单位	单价（元）	数量			
人工	安装工	1002	工日	145.80	2.000	2.250	2.400	2.800
材料	其他材料费	2999	元	—	2.300	2.300	2.300	2.300
仪器仪表	其他仪器仪表费	4999	元	—	1.800	2.160	2.160	2.520

工作内容：开箱检验、做安装信号源设备输入插头、上机柜、接电缆、电源供电和其他辅助设备连接线、调试。

计量单位：台

<table>
<tr><td colspan="5">定额编号</td><td>11002013</td><td>11002014</td><td>11002015</td><td>11002016</td></tr>
<tr><td colspan="5" rowspan="2">项目名称</td><td colspan="4">调音台</td></tr>
<tr><td>16+4/8/2</td><td>24/3</td><td>24+4/4/2</td><td>24/8/2</td></tr>
<tr><td colspan="5">预算基价</td><td>479.03</td><td>500.90</td><td>552.29</td><td>625.55</td></tr>
<tr><td rowspan="4">其中</td><td colspan="4">人工费（元）</td><td>473.85</td><td>495.72</td><td>546.75</td><td>619.65</td></tr>
<tr><td colspan="4">材料费（元）</td><td>2.30</td><td>2.30</td><td>2.30</td><td>2.30</td></tr>
<tr><td colspan="4">机械费（元）</td><td>—</td><td>—</td><td>—</td><td>—</td></tr>
<tr><td colspan="4">仪器仪表费（元）</td><td>2.88</td><td>2.88</td><td>3.24</td><td>3.60</td></tr>
<tr><td colspan="2">名称</td><td>代号</td><td>单位</td><td>单价（元）</td><td colspan="4">数量</td></tr>
<tr><td>人工</td><td>安装工</td><td>1002</td><td>工日</td><td>145.80</td><td>3.250</td><td>3.400</td><td>3.750</td><td>4.250</td></tr>
<tr><td>材料</td><td>其他材料费</td><td>2999</td><td>元</td><td>—</td><td>2.300</td><td>2.300</td><td>2.300</td><td>2.300</td></tr>
<tr><td>仪器仪表</td><td>其他仪器仪表费</td><td>4999</td><td>元</td><td>—</td><td>2.880</td><td>2.880</td><td>3.240</td><td>3.600</td></tr>
</table>

工作内容：开箱检验、做安装信号源设备输入插头、上机柜、接电缆、电源供电和其他辅助设备连接线、调试。

计量单位：台

<table>
<tr><td colspan="5">定额编号</td><td>11002017</td><td>11002018</td><td>11002019</td><td>11002020</td></tr>
<tr><td colspan="5" rowspan="2">项目名称</td><td colspan="4">调音台</td></tr>
<tr><td>32+4/4/2</td><td>32+4/8/2</td><td>48+8</td><td>64+8</td></tr>
<tr><td colspan="5">预算基价</td><td>703.98</td><td>777.60</td><td>1000.45</td><td>1362.29</td></tr>
<tr><td rowspan="4">其中</td><td colspan="4">人工费（元）</td><td>692.55</td><td>765.45</td><td>984.15</td><td>1341.36</td></tr>
<tr><td colspan="4">材料费（元）</td><td>7.47</td><td>7.47</td><td>9.10</td><td>10.13</td></tr>
<tr><td colspan="4">机械费（元）</td><td>—</td><td>—</td><td>—</td><td>—</td></tr>
<tr><td colspan="4">仪器仪表费（元）</td><td>3.96</td><td>4.68</td><td>7.20</td><td>10.80</td></tr>
<tr><td colspan="2">名称</td><td>代号</td><td>单位</td><td>单价（元）</td><td colspan="4">数量</td></tr>
<tr><td>人工</td><td>安装工</td><td>1002</td><td>工日</td><td>145.80</td><td>4.750</td><td>5.250</td><td>6.750</td><td>9.200</td></tr>
<tr><td>材料</td><td>其他材料费</td><td>2999</td><td>元</td><td>—</td><td>7.470</td><td>7.470</td><td>9.100</td><td>10.130</td></tr>
<tr><td>仪器仪表</td><td>其他仪器仪表费</td><td>4999</td><td>元</td><td>—</td><td>3.960</td><td>4.680</td><td>7.200</td><td>10.800</td></tr>
</table>

工作内容：开箱检验、做安装信号源设备输入插头、上机柜、接电缆、电源供电和其他辅助设备连接线、调试。

计量单位：台

定额编号					11002021
项目名称					数字调音台
预算基价					1790.60
其中	人工费（元）				1749.60
	材料费（元）				5.00
	机械费（元）				—
	仪器仪表费（元）				36.00
名称		代号	单位	单价（元）	数量
人工	安装工	1002	工日	145.80	12.000
材料	其他材料费	2999	元	—	5.000
仪器仪表	其他仪器仪表费	4999	元	—	36.000

三、周边设备安装

工作内容：开箱检查、设备上机柜组装、设备间输入 / 输出电平适配、设备间连接线的平衡非平衡选择、输出 / 输入阻抗适配、输入 / 输出端子插头连接线正负与地的辨别、供给电源等。

计量单位：台

定额编号					11003001	11003002	11003003
项目名称					均衡器		
					单 31 段	双 31 段、双 15 段	参数均衡器
预算基价					41.01	77.46	113.91
其中	人工费（元）				36.45	72.90	109.35
	材料费（元）				4.20	4.20	4.20
	机械费（元）				—	—	—
	仪器仪表费（元）				0.36	0.36	0.36
名称		代号	单位	单价（元）	数量		
人工	安装工	1002	工日	145.80	0.250	0.500	0.750
材料	其他材料费	2999	元	—	4.200	4.200	4.200
仪器仪表	其他仪器仪表费	4999	元	—	0.360	0.360	0.360

工作内容：开箱检查、设备上机柜组装、设备间输入 / 输出电平适配、设备间连接线的平衡非平衡选择、输出 / 输入阻抗适配、输入 / 输出端子插头连接线正负与地的辨别、供给电源等。

计量单位：台

定额编号					11003004	11003005	11003006
项目名称					压限器		
					单路压 / 限（含噪声门）	双路压 / 限（含噪声门）	四路压 / 限
预算基价					41.01	77.46	151.44
其中	人工费（元）				36.45	72.90	145.80
	材料费（元）				4.20	4.20	4.20
	机械费（元）				—	—	—
	仪器仪表费（元）				0.36	0.36	1.44
名称		代号	单位	单价（元）	数量		
人工	安装工	1002	工日	145.80	0.250	0.500	1.000
材料	其他材料费	2999	元	—	4.200	4.200	4.200
仪器仪表	其他仪器仪表费	4999	元	—	0.360	0.360	1.440

工作内容：开箱检查、设备上机柜组装、设备间输入 / 输出电平适配、设备间连接线的平衡非平衡选择、输出 / 输入阻抗适配、输入 / 输出端子插头连接线正负与地的辨别、供给电源等。

计量单位：台

定额编号					11003007	11003008	11003009	11003010
项目名称					延时器		分配器	切换器
					1 进 2 出	2 进 6 出		
预算基价					62.88	151.44	77.46	77.46
其中	人工费（元）				58.32	145.80	72.90	72.90
	材料费（元）				4.20	4.20	4.20	4.20
	机械费（元）				—	—	—	—
	仪器仪表费（元）				0.36	1.44	0.36	0.36
名称		代号	单位	单价（元）	数量			
人工	安装工	1002	工日	145.80	0.400	1.000	0.500	0.500
材料	其他材料费	2999	元	—	4.200	4.200	4.200	4.200
仪器仪表	其他仪器仪表费	4999	元	—	0.360	1.440	0.360	0.360

工作内容：开箱检查、设备上机柜组装、设备间输入输出 / 电平适配、设备间连接线的平衡非平衡选择、输出 / 输入阻抗适配、输入 / 输出端子插头连接线正负与地的辨别、供给电源等。

计量单位：台

定额编号					11003011	11003012	11003013
项目名称					效果器	分频器	
						二分频	三分频
预算基价					77.46	62.88	77.46
其中	人工费（元）				72.90	58.32	72.90
	材料费（元）				4.20	4.20	4.20
	机械费（元）				—	—	—
	仪器仪表费（元）				0.36	0.36	0.36
名称		代号	单位	单价（元）	数量		
人工	安装工	1002	工日	145.80	0.500	0.400	0.500
材料	其他材料费	2999	元	—	4.200	4.200	4.200
仪器仪表	其他仪器仪表费	4999	元	—	0.360	0.360	0.360

工作内容：开箱检查、设备上机柜组装、设备间输入 / 输出电平适配、设备间连接线的平衡非平衡选择、输出 / 输入阻抗适配、输入 / 输出端子插头连接线正负与地的辨别、供给电源等。

计量单位：台

定额编号					11003014	11003015
项目名称					滤波器	
					单通道 1 × 24	双通道 2 × 24
预算基价					41.01	77.46
其中	人工费（元）				36.45	72.90
	材料费（元）				4.20	4.20
	机械费（元）				—	—
	仪器仪表费（元）				0.36	0.36
名称		代号	单位	单价（元）	数量	
人工	安装工	1002	工日	145.80	0.250	0.500
材料	其他材料费	2999	元	—	4.200	4.200
仪器仪表	其他仪器仪表费	4999	元	—	0.360	0.360

工作内容：开箱检查、设备上机柜组装、设备间输入 / 输出电平适配、设备间连接线的平衡非平衡选择、输出 / 输入阻抗适配、输入 / 输出端子插头连接线正负与地的辨别、供给电源等。

计量单位：台

定额编号					11003016	11003017	11003018	11003019
项目名称					反馈抑制器			激励器
					Ⅰ型	Ⅱ型	Ⅲ型	
预算基价					62.88	41.01	77.46	77.46
其中	人工费（元）				58.32	36.45	72.90	72.90
	材料费（元）				4.20	4.20	4.20	4.20
	机械费（元）				—	—	—	—
	仪器仪表费（元）				0.36	0.36	0.36	0.36
名称		代号	单位	单价（元）	数量			
人工	安装工	1002	工日	145.80	0.400	0.250	0.500	0.500
材料	其他材料费	2999	元	—	4.200	4.200	4.200	4.200
仪器仪表	其他仪器仪表费	4999	元	—	0.360	0.360	0.360	0.360

工作内容：开箱检查、设备上机柜组装、设备间输入 / 输出电平适配、设备间连接线的平衡非平衡选择、输出 / 输入阻抗适配、输入 / 输出端子插头连接线正负与地的辨别、供给电源等。

计量单位：台

定额编号					11003020	11003021	11003022	11003023
项目名称					数字音频处理器			硬件音频媒体矩阵 8×8
					2×2	4×6	4×8	
预算基价					77.46	186.81	223.26	296.16
其中	人工费（元）				72.90	182.25	218.70	291.60
	材料费（元）				4.20	4.20	4.20	4.20
	机械费（元）				—	—	—	—
	仪器仪表费（元）				0.36	0.36	0.36	0.36
名称		代号	单位	单价（元）	数量			
人工	安装工	1002	工日	145.80	0.500	1.250	1.500	2.000
材料	其他材料费	2999	元	—	4.200	4.200	4.200	4.200
仪器仪表	其他仪器仪表费	4999	元	—	0.360	0.360	0.360	0.360

工作内容：开箱检查、设备上机柜组装、设备间输入 / 输出电平适配、设备间连接线的平衡非平衡选择、输出 / 输入阻抗适配、输入 / 输出端子插头连接线正负与地的辨别、供给电源等。

计量单位：台

定 额 编 号				11003024	11003025	11003026	11003027
项 目 名 称				网络数字音频处理器 / 网络音频媒体矩阵			
				8×8	16×16	32×32	256×256
预 算 基 价				41.01	587.76	150.36	1170.96
其中	人工费（元）			36.45	583.20	145.80	1166.40
	材料费（元）			4.20	4.20	4.20	4.20
	机械费（元）			—	—	—	—
	仪器仪表费（元）			0.36	0.36	0.36	0.36
名　称		代号	单位	单价（元）	数　量		
人工	安装工	1002	工日	145.80	0.250	4.000	1.000	8.000
材料	其他材料费	2999	元	—	4.200	4.200	4.200	4.200
仪器仪表	其他仪器仪表费	4999	元	—	0.360	0.360	0.360	0.360

四、功率放大器安装

工作内容：开箱检查、设备上机柜组装、设备间输入 / 输出电平适配、设备间连接线的平衡非平衡选择、输出 / 输入阻抗适配、输入 / 输出端子插头连接线正负与地的辨别、供给电源等。

计量单位：台

定 额 编 号					11004001	11004002
项 目 名 称					功率放大器	DSP 处理功放
预 算 基 价					92.04	121.20
其中	人工费（元）				87.48	116.64
	材料费（元）				4.20	4.20
	机械费（元）				—	—
	仪器仪表费（元）				0.36	0.36
名　称		代号	单位	单价（元）	数　量	
人工	安装工	1002	工日	145.80	0.600	0.800
材料	其他材料费	2999	元	—	4.200	4.200
仪器仪表	其他仪器仪表费	4999	元	—	0.360	0.360

五、扬声器安装、架设

工作内容：开箱检查外观及接线端子，按设计要求在天花板上开孔安装并接线。　　计量单位：只

定额编号					11005001	11005002	11005003
项目名称					天花板扬声器（安装孔 $\phi \leq 200$mm）	天花板扬声器（安装孔 $\phi > 200$mm）	天花板扬声器（超重 > 5kg）
预算基价					78.18	92.76	70.36
其中	人工费（元）				51.03	65.61	65.61
	材料费（元）				26.60	26.60	4.20
	机械费（元）				—	—	—
	仪器仪表费（元）				0.55	0.55	0.55
	名称	代号	单位	单价（元）	数量		
人工	安装工	1002	工日	145.80	0.350	0.450	0.450
材料	其他材料费	2999	元	—	26.600	26.600	4.200
仪器仪表	其他仪器仪表费	4999	元	—	0.550	0.550	0.550

工作内容：开箱检查外观及接线端子，按设计要求在栅格吊顶或天顶上安装并接线。　　计量单位：只

定额编号					11005004	11005005	11005006	11005007
项目名称					天花扬声器		球形扬声器	
					格栅高（m）		楼顶高（m）	
					$h \leq 3$	$h > 3$	$h \leq 3$	$h > 3$
预算基价					51.82	83.96	74.05	100.37
其中	人工费（元）				43.74	65.61	65.61	80.19
	材料费（元）				5.00	5.00	5.00	5.00
	机械费（元）				2.36	12.27	2.36	13.92
	仪器仪表费（元）				0.72	1.08	1.08	1.26
	名称	代号	单位	单价（元）	数量			
人工	安装工	1002	工日	145.80	0.300	0.450	0.450	0.550
材料	其他材料费	2999	元	—	5.000	5.000	5.000	5.000
机械	液压升降机	3059	台班	33.030	—	0.300	—	0.350
	其他机具费	3999	元	—	2.360	2.360	2.360	2.360
仪器仪表	其他仪器仪表费	4999	元	—	0.720	1.080	1.080	1.260

工作内容：开箱检查外观及接线端子，按设计要求（包括方位和俯角）在墙壁、立柱或桁架上安装并接线。

计量单位：只

定额编号					11005008	11005009	11005010	11005011
项目名称					音柱及小号筒			音柱及大号角
					≤ 5kg	≤ 25kg	≤ 50kg	> 50kg
预算基价					71.69	103.01	197.09	474.90
其中	人工费（元）				65.61	87.48	174.96	437.40
	材料费（元）				5.00	5.00	5.00	5.00
	机械费（元）				—	9.09	15.69	28.90
	仪器仪表费（元）				1.08	1.44	1.44	3.60
名称		代号	单位	单价（元）	数量			
人工	安装工	1002	工日	145.80	0.450	0.600	1.200	3.000
材料	其他材料费	2999	元	—	5.000	5.000	5.000	5.000
机械	液压升降机	3059	台班	33.030	—	0.200	0.400	0.800
	手动液压叉车	3065	台班	12.400	—	0.200	0.200	0.200
仪器仪表	其他仪器仪表费	4999	元	—	1.080	1.440	1.440	3.600

工作内容：开箱检查外观及接线端子，按设计要求（包括方位和俯角）在墙壁、立柱或桁架上安装并接线。

计量单位：只

定额编号					11005012	11005013	11005014	11005015
项目名称					壁挂式扬声器	可寻址音箱（带解码器）	网络化 IP 音箱（带网络接口）	防爆音箱
预算基价					70.89	93.12	93.12	224.70
其中	人工费（元）				65.61	87.48	87.48	218.70
	材料费（元）				4.20	4.20	4.20	4.20
	机械费（元）				—	—	—	—
	仪器仪表费（元）				1.08	1.44	1.44	1.80
名称		代号	单位	单价（元）	数量			
人工	安装工	1002	工日	145.80	0.450	0.600	0.600	1.500
材料	其他材料费	2999	元	—	4.200	4.200	4.200	4.200
仪器仪表	其他仪器仪表费	4999	元	—	1.080	1.440	1.440	1.800

工作内容：开箱检查外观及接线端子，按设计要求（包括坐标和方位）在平台上摆放并接线。

计量单位：只

定额编号					11005016	11005017	11005018
项目名称					摆放式扬声器		
					≤ 25kg	≤ 50kg	＞ 50kg
预算基价					51.14	73.37	138.98
其中	人工费（元）				43.74	65.61	131.22
	材料费（元）				4.20	4.20	4.20
	机械费（元）				2.48	2.48	2.48
	仪器仪表费（元）				0.72	1.08	1.08
名称		代号	单位	单价（元）	数量		
人工	安装工	1002	工日	145.80	0.300	0.450	0.900
材料	其他材料费	2999	元	—	4.200	4.200	4.200
机械	手动液压叉车	3065	台班	12.400	0.200	0.200	0.200
仪器仪表	其他仪器仪表费	4999	元	—	0.720	1.080	1.080

工作内容：开箱检查外观及接线端子，按设计要求在墙孔内安装并接线。

计量单位：只

定额编号					11005019	11005020	11005021
项目名称					嵌墙扬声器		
					≤ 25kg	≤ 50kg	＞ 50kg
预算基价					79.98	102.21	189.69
其中	人工费（元）				65.61	87.48	174.96
	材料费（元）				4.20	4.20	4.20
	机械费（元）				9.09	9.09	9.09
	仪器仪表费（元）				1.08	1.44	1.44
名称		代号	单位	单价（元）	数量		
人工	安装工	1002	工日	145.80	0.450	0.600	1.200
材料	其他材料费	2999	元	—	4.200	4.200	4.200
机械	液压升降机	3059	台班	33.030	0.200	0.200	0.200
	手动液压叉车	3065	台班	12.400	0.200	0.200	0.200
仪器仪表	其他仪器仪表费	4999	元	—	1.080	1.440	1.440

工作内容：开箱检查外观及接线端子，在墙壁、立柱或桁架上安装（或由天顶吊装）、接线，并按设计要求调试好其声覆盖区域。

计量单位：只

定额编号					11005022	11005023
项目名称					线阵列扬声器系统	相控阵扬声器系统
预算基价					521.39	657.10
其中	人工费（元）				437.40	583.20
	材料费（元）				4.20	4.20
	机械费（元）				39.23	19.00
	仪器仪表费（元）				40.56	50.70
名称		代号	单位	单价（元）	数量	
人工	安装工	1002	工日	145.80	3.000	4.000
材料	其他材料费	2999	元	—	4.200	4.200
机械	液压升降机	3059	台班	33.030	1.000	0.500
	手动液压叉车	3065	台班	12.400	0.500	0.200
仪器仪表	实时声级计	4332	台班	40.000	0.800	1.000
	其他仪器仪表费	4999	元	—	8.560	10.700

工作内容：开箱检查外观及接线端子，按设计要求在基座上安装并接线。

计量单位：台

定额编号					11005024	11005025
项目名称					园林草地扬声器	带灯园林草地扬声器
预算基价					34.80	137.58
其中	人工费（元）				29.16	131.22
	材料费（元）				4.20	4.20
	机械费（元）				—	—
	仪器仪表费（元）				1.44	2.16
名称		代号	单位	单价（元）	数量	
人工	安装工	1002	工日	145.80	0.200	0.900
材料	其他材料费	2999	元	—	4.200	4.200
仪器仪表	其他仪器仪表费	4999	元	—	1.440	2.160

六、电 源 安 装

工作内容：找相位、连电缆、接通交流电源、验机柜设备、提供电源接地等。　　计量单位：台

定额编号					11006001	11006002
项目名称					稳压电源	时序电源控制器
预算基价					146.68	91.92
其中	人工费（元）				145.80	72.90
	材料费（元）				0.16	18.30
	机械费（元）				—	—
	仪器仪表费（元）				0.72	0.72
名称		代号	单位	单价（元）	数量	
人工	安装工	1002	工日	145.80	1.000	0.500
材料	铜端子 6	213120	个	4.550	—	2.040
	铜芯聚氯乙烯绝缘电线 BV-6	214011	m	4.340	—	2.040
	其他材料费	2999	元		0.160	0.160
仪器仪表	其他仪器仪表费	4999	元	—	0.720	0.720

七、扩声系统调试

工作内容：按照现行国家标准《厅堂扩声系统设计规范》GB 50371，对扩声设备使用功能进行功能测试、调整和考核等。　　计量单位：个

定额编号					11007001
项目名称					设备、使用功能数
预算基价					355.30
其中	人工费（元）				314.85
	材料费（元）				—
	机械费（元）				—
	仪器仪表费（元）				40.45
名称		代号	单位	单价（元）	数量
人工	调试工	1003	工日	209.90	1.500
仪器仪表	实时声级计	4332	台班	40.000	0.200
	对讲机	4164	台班	1.500	0.300
	建筑声学测量仪	4330	台班	100.000	0.200
	声源	4331	台班	60.000	0.200

工作内容：系统调试、技术参数功能设置、完成自检测试报告。　　计量单位：系统

定额编号					11007002	11007003	11007004
项目名称					系统调试		
					语言系统	多功能系统	演出系统
预算基价					18734.10	25467.10	32207.30
其中	人工费（元）				16792.00	23089.00	29386.00
	材料费（元）				—	—	—
	机械费（元）				—	—	—
	仪器仪表费（元）				1942.10	2378.10	2821.30
名称		代号	单位	单价（元）	数量		
人工	调试工	1003	工日	209.90	80.000	110.000	140.000
仪器仪表	便携式计算机	4311	台班	18.000	8.000	10.000	12.000
	数字多用表	4045	台班	3.600	2.000	2.000	4.000
	光导介损测量仪	4385	台班	42.100	4.000	4.000	4.000
	对讲机	4164	台班	1.500	15.000	15.000	15.000
	建筑声学测量仪	4330	台班	100.000	8.000	10.000	12.000
	声源	4331	台班	60.000	8.000	10.000	12.000
	实时声级计	4332	台班	40.000	8.000	10.000	12.000

八、扩声系统性能测量

工作内容：量裁线缆、线缆与插头的安装焊接、测试等。　　计量单位：个

定额编号					11008001	11008002	11008003
项目名称					最大声压级	传输频率特性	传声增益
预算基价					906.20	906.20	906.20
其中	人工费（元）				839.60	839.60	839.60
	材料费（元）				—	—	—
	机械费（元）				—	—	—
	仪器仪表费（元）				66.60	66.60	66.60
名称		代号	单位	单价（元）	数量		
人工	调试工	1003	工日	209.90	4.000	4.000	4.000
仪器仪表	对讲机	4164	台班	1.500	1.000	1.000	1.000
	便携式计算机	4311	台班	18.000	1.000	1.000	1.000
	实时声级计	4332	台班	40.000	1.000	1.000	1.000
	其他仪器仪表费	4999	元	—	7.100	7.100	7.100

工作内容：量裁线缆、线缆与插头的安装焊接、测试等。　　计量单位：个

定额编号					11008004	11008005	11008006
项目名称					声场不均匀度	总噪声级	语言传输指数
预算基价					878.53	906.20	1179.66
其中	人工费（元）				839.60	839.60	1049.50
	材料费（元）				—	—	—
	机械费（元）				—	—	—
	仪器仪表费（元）				38.93	66.60	130.16
名称		代号	单位	单价（元）	数量		
人工	调试工	1003	工日	209.90	4.000	4.000	5.000
仪器仪表	实时声级计	4332	台班	40.000	—	1.000	—
	STIPA 测试仪	4371	台班	66.670	—	—	1.500
	对讲机	4164	台班	1.500	1.000	1.000	1.000
	便携式计算机	4311	台班	18.000	1.000	1.000	1.000
	真有效值表	4370	台班	12.330	1.000	—	—
	其他仪器仪表费	4999	元	—	7.100	7.100	10.650

九、试　运　行

工作内容：按照现行国家标准《厅堂、体育场馆扩声系统验收规范》GB/T 28048 检验系统可靠性及必要的调整测试，试运行时间一般不少于 30 天，试运行期间进行人员培训、资料整理、测试报告（达标级别）、移交等。　　计量单位：系统

定额编号					11009001	11009002	11009003
项目名称					试运行		
					语言系统	多功能系统	音乐系统
预算基价					15364.00	15364.00	15364.00
其中	人工费（元）				12594.00	12594.00	12594.00
	材料费（元）				—	—	—
	机械费（元）				—	—	—
	仪器仪表费（元）				2770.00	2770.00	2770.00
名称		代号	单位	单价（元）	数量		
人工	调试工	1003	工日	209.90	60.000	60.000	60.000
仪器仪表	便携式计算机	4311	台班	18.000	20.000	20.000	20.000
	对讲机	4164	台班	1.500	20.000	20.000	20.000
	STIPA 测试仪	4371	台班	66.670	20.000	20.000	20.000
	真有效值表	4370	台班	12.330	20.000	20.000	20.000
	实时声级计	4332	台班	40.000	20.000	20.000	20.000

第二节　会议系统设备安装、调试

一、会议系统设备安装

工作内容：搬运、开箱、检查设备、定位、安装、调试。　　　　计量单位：台

定额编号					11010001	11010002	11010003	11010004
项目名称					会议主控机	主席机		代表机（移动型）
						移动型	嵌入型	
预算基价					150.50	41.15	77.60	41.15
其中	人工费（元）				145.80	36.45	72.90	36.45
	材料费（元）				4.20	4.20	4.20	4.20
	机械费（元）				—	—	—	—
	仪器仪表费（元）				0.50	0.50	0.50	0.50
名称		代号	单位	单价（元）	数量			
人工	安装工	1002	工日	145.80	1.000	0.250	0.500	0.250
材料	其他材料费	2999	元	—	4.200	4.200	4.200	4.200
仪器仪表	其他仪器仪表费	4999	元	—	0.500	0.500	0.500	0.500

工作内容：搬运、开箱、检查设备、定位、安装、调试。　　　　计量单位：台

定额编号					11010005	11010006	11010007	11010008
项目名称					代表机（嵌入型）	表决单元	多语种译员机	译员话筒
预算基价					77.60	41.15	150.50	33.86
其中	人工费（元）				72.90	36.45	145.80	29.16
	材料费（元）				4.20	4.20	4.20	4.20
	机械费（元）				—	—	—	—
	仪器仪表费（元）				0.50	0.50	0.50	0.50
名称		代号	单位	单价（元）	数量			
人工	安装工	1002	工日	145.80	0.500	0.250	1.000	0.200
材料	其他材料费	2999	元	—	4.200	4.200	4.200	4.200
仪器仪表	其他仪器仪表费	4999	元	—	0.500	0.500	0.500	0.500

工作内容：搬运、开箱、检查设备、定位、安装、调试。　　计量单位：台

定额编号					11010009	11010010	11010011
项目名称					耳机（译员、轻便）	红外发射机	红外辐射板
预算基价					11.99	19.28	223.90
其中	人工费（元）				7.29	14.58	218.70
	材料费（元）				4.20	4.20	4.20
	机械费（元）				—	—	—
	仪器仪表费（元）				0.50	0.50	1.00
名称		代号	单位	单价（元）	数量		
人工	安装工	1002	工日	145.80	0.050	0.100	1.500
材料	其他材料费	2999	元	—	4.200	4.200	4.200
仪器仪表	其他仪器仪表费	4999	元	—	0.500	0.500	1.000

工作内容：搬运、开箱、检查设备、定位、安装、调试。　　计量单位：台

定额编号					11010012	11010013	11010014	11010015
项目名称					红外接收机	红外接收机充电器	电子通道选择器	音频媒体接口机
预算基价					19.28	11.49	26.57	48.44
其中	人工费（元）				14.58	7.29	21.87	43.74
	材料费（元）				4.20	4.20	4.20	4.20
	机械费（元）				—	—	—	—
	仪器仪表费（元）				0.50	—	0.50	0.50
名称		代号	单位	单价（元）	数量			
人工	安装工	1002	工日	145.80	0.100	0.050	0.150	0.300
材料	其他材料费	2999	元	—	4.200	4.200	4.200	4.200
仪器仪表	其他仪器仪表费	4999	元	—	0.500	—	0.500	0.500

工作内容：搬运、开箱、检查设备、定位、安装、调试。　　计量单位：台

定额编号					11010016	11010017	11010018
项目名称					发卡主机	发卡器	读卡器
预算基价					38.95	37.95	37.95
其中	人工费（元）				36.45	36.45	36.45
	材料费（元）				2.00	1.00	1.00
	机械费（元）				—	—	—
	仪器仪表费（元）				0.50	0.50	0.50
名称		代号	单位	单价（元）	数量		
人工	安装工	1002	工日	145.80	0.250	0.250	0.250
材料	其他材料费	2999	元	—	2.000	1.000	1.000
仪器仪表	其他仪器仪表费	4999	元	—	0.500	0.500	0.500

工作内容：搬运、开箱、检查设备、定位、安装、调试。　　计量单位：台

定额编号					11010019	11010020
项目名称					席位扩展单元	会议专用主控 PC 机
预算基价					11.99	179.66
其中	人工费（元）				7.29	174.96
	材料费（元）				4.20	4.20
	机械费（元）				—	—
	仪器仪表费（元）				0.50	0.50
名称		代号	单位	单价（元）	数量	
人工	安装工	1002	工日	145.80	0.050	1.200
材料	其他材料费	2999	元	—	4.200	4.200
仪器仪表	其他仪器仪表费	4999	元	—	0.500	0.500

二、会议系统调试

工作内容：对会议系统使用功能进行功能测试、调整和考核等。　　　　计量单位：个

定额编号					11011001
项目名称					设备、使用功能数
预算基价					515.09
其中	人工费（元）				419.80
	材料费（元）				—
	机械费（元）				—
	仪器仪表费（元）				95.29
名称		代号	单位	单价（元）	数量
人工	调试工	1003	工日	209.90	2.000
仪器仪表	STIPA 测试仪	4371	台班	66.670	1.000
	便携式计算机	4311	台班	18.000	1.000
	实时声级计	4332	台班	40.000	0.200
	示波器	4113	台班	9.510	0.200
	其他仪器仪表费	4999	元	—	0.720

三、会议系统性能测量

工作内容：测量会议系统的传输性能。　　　　计量单位：系统

定额编号					11012001
项目名称					语言传输指数
预算基价					1068.26
其中	人工费（元）				839.60
	材料费（元）				—
	机械费（元）				—
	仪器仪表费（元）				228.66
名称		代号	单位	单价（元）	数量
人工	调试工	1003	工日	209.90	4.000
仪器仪表	便携式计算机	4311	台班	18.000	1.000
	STIPA 测试仪	4371	台班	66.670	3.000
	其他仪器仪表费	4999	元	—	10.650

四、试 运 行

工作内容：检验系统可靠性及必要的调整测试，试运行时间一般不少于30天，试运行期间进行人员培训、资料整理、测试报告（达标级别）、移交等。 计量单位：系统

定 额 编 号					11013001
项 目 名 称					会议系统试运行
预 算 基 价					13269.02
其中	人工费（元）				12594.00
	材料费（元）				—
	机械费（元）				—
	仪器仪表费（元）				675.02
名 称		代号	单位	单价（元）	数 量
人工	调试工	1003	工日	209.90	60.000
仪器仪表	便携式计算机	4311	台班	18.000	20.000
	STIPA测试仪	4371	台班	66.670	4.500
	其他仪器仪表费	4999	元	—	15.000

第三节 公共广播、背景音乐系统设备安装、调试

一、机柜内设备安装

工作内容：开箱检查外观及附件，识别输出输入端子和电源规格，按系统设计要求正确连接信号源设备和广播线路，在各连接线头上做好识别标签，正确供给电源。 计量单位：台

定 额 编 号					11014001
项 目 名 称					合并式广播功率放大器（带前置的功率放大器）
预 算 基 价					154.86
其中	人工费（元）				145.80
	材料费（元）				5.36
	机械费（元）				1.90
	仪器仪表费（元）				1.80
名 称		代号	单位	单价（元）	数 量
人工	安装工	1002	工日	145.80	1.000
材料	其他材料费	2999	元	—	5.360
机械	其他机具费	3999	元	—	1.900
仪器仪表	其他仪器仪表费	4999	元	—	1.800

工作内容：开箱检查外观及附件，识别输出输入端子和电源规格，按系统设计要求上机柜组装，在各连接线头上做好识别标签，正确供给电源。

计量单位：台

定额编号					11014002	11014003	11014004
项目名称					纯后级广播功率放大器≤1000W	纯后级广播功率放大器＞1000W	前置放大器
预算基价					94.82	154.62	154.62
其中	人工费（元）				87.48	145.80	145.80
	材料费（元）				5.12	5.12	5.12
	机械费（元）				1.14	1.90	1.90
	仪器仪表费（元）				1.08	1.80	1.80
	名称	代号	单位	单价（元）	数量		
人工	安装工	1002	工日	145.80	0.600	1.000	1.000
材料	其他材料费	2999	元	—	5.120	5.120	5.120
机械	其他机具费	3999	元	—	1.140	1.900	1.900
仪器仪表	其他仪器仪表费	4999	元	—	1.080	1.800	1.800

工作内容：开箱检查外观及附件，识别输出输入端子和电源规格，按系统设计要求上机柜组装，在各连接线头上做好识别标签，正确供给电源。

计量单位：台

定额编号					11014005	11014006	11014007	11014008
项目名称					一体化公共广播简易主机	分区寻址公共广播主机	嵌入式智能化公共广播主机	网络化公共广播主机
预算基价					122.40	195.30	307.92	307.92
其中	人工费（元）				109.35	182.25	291.60	291.60
	材料费（元）				4.20	4.20	4.20	4.20
	机械费（元）				4.56	4.56	4.56	4.56
	仪器仪表费（元）				4.29	4.29	7.56	7.56
	名称	代号	单位	单价（元）	数量			
人工	安装工	1002	工日	145.80	0.750	1.250	2.000	2.000
材料	其他材料费	2999	元	—	4.200	4.200	4.200	4.200
机械	其他机具费	3999	元	—	4.560	4.560	4.560	4.560
仪器仪表	其他仪器仪表费	4999	元	—	4.290	4.290	7.560	7.560

工作内容：开箱检查外观及附件，识别输出输入端子和电源规格，按系统设计要求上机柜组装，各连接线头上做好识别标签，正确供给电源。

计量单位：台

定额编号					11014009	11014010	11014011	11014012
项目名称					分区器	监听器	强插器	线路检测器
预算基价					20.05	64.29	64.29	64.29
其中	人工费（元）				14.58	58.32	58.32	58.32
	材料费（元）				4.20	4.20	4.20	4.20
	机械费（元）				0.76	0.76	0.76	0.76
	仪器仪表费（元）				0.51	1.01	1.01	1.01
	名称	代号	单位	单价（元）	数量			
人工	安装工	1002	工日	145.80	0.100	0.400	0.400	0.400
材料	其他材料费	2999	元	—	4.200	4.200	4.200	4.200
机械	其他机具费	3999	元	—	0.760	0.760	0.760	0.760
仪器仪表	其他仪器仪表费	4999	元	—	0.510	1.010	1.010	1.010

工作内容：开箱检查外观及附件，识别输出输入端子和电源规格，按系统设计要求上机柜组装，各连接线头上做好识别标签，正确供给电源。

计量单位：台

定额编号					11014013	11014014	11014015	11014016	11014017
项目名称					可编程定时器	主备切换器	警报信号发生器	市话接口设备	突发公共事件接口设备
预算基价					93.90	93.90	93.90	93.90	301.62
其中	人工费（元）				87.48	87.48	87.48	87.48	291.60
	材料费（元）				4.20	4.20	4.20	4.20	4.20
	机械费（元）				1.14	1.14	1.14	1.14	3.80
	仪器仪表费（元）				1.08	1.08	1.08	1.08	2.02
	名称	代号	单位	单价（元）	数量				
人工	安装工	1002	工日	145.80	0.600	0.600	0.600	0.600	2.000
材料	其他材料费	2999	元	—	4.200	4.200	4.200	4.200	4.200
机械	其他机具费	3999	元	—	1.140	1.140	1.140	1.140	3.800
仪器仪表	其他仪器仪表费	4999	元	—	1.080	1.080	1.080	1.080	2.020

工作内容：开箱检查外观及附件，识别输出输入端子和电源规格，按系统设计要求上机柜组装，各连接线头上做好识别标签，并正确供给电源。 计量单位：台

定额编号					11014018	11014019	11014020
项目名称					电源时序器	数字调谐器	节目播放器
预算基价					19.89	49.05	64.00
其中	人工费（元）				14.58	43.74	58.32
	材料费（元）				4.20	4.20	4.20
	机械费（元）				0.57	0.57	0.76
	仪器仪表费（元）				0.54	0.54	0.72
	名称	代号	单位	单价（元）	数量		
人工	安装工	1002	工日	145.80	0.100	0.300	0.400
材料	其他材料费	2999	元	—	4.200	4.200	4.200
机械	其他机具费	3999	元	—	0.570	0.570	0.760
仪器仪表	其他仪器仪表费	4999	元	—	0.540	0.540	0.720

工作内容：开箱检查外观及附件，按系统设计要求组装，整理并捆扎配线。 计量单位：台

定额编号					11014021	11014022
项目名称					可寻址终端	网络化终端
预算基价					101.18	101.18
其中	人工费（元）				87.48	87.48
	材料费（元）				10.00	10.00
	机械费（元）				1.90	1.90
	仪器仪表费（元）				1.80	1.80
	名称	代号	单位	单价（元）	数量	
人工	安装工	1002	工日	145.80	0.600	0.600
材料	其他材料费	2999	元	—	10.000	10.000
机械	其他机具费	3999	元	—	1.900	1.900
仪器仪表	其他仪器仪表费	4999	元	—	1.800	1.800

工作内容：开箱检查外观及附件，按系统设计要求组装，整理并捆扎配线。　　计量单位：台

定额编号					11014023	11014024	11014025
项目名称					模块	紧急电源（充电器）	混音器
预算基价					34.08	29.27	77.21
其中	人工费（元）				29.16	29.16	72.90
	材料费（元）				4.81	—	4.20
	机械费（元）				—	—	—
	仪器仪表费（元）				0.11	0.11	0.11
	名称	代号	单位	单价（元）	数量		
人工	安装工	1002	工日	145.80	0.200	0.200	0.500
材料	其他材料费	2999	元	—	4.810	—	4.200
仪器仪表	数字多用表	4045	台班	3.600	0.030	0.030	0.030

二、广播传声器及寻呼台站安装

工作内容：开箱检查外观及附件，识别接线端子和电源规格，按系统设计要求在适当位置接入公共广播系统，各连接线头上做好识别标签，并正确供给电源。　　计量单位：台

定额编号					11015001	11015002	11015003
项目名称					广播传声器	简易寻呼台站（分区数≤10）	可编程寻呼台站（分区数＞10）
预算基价					50.22	80.12	125.34
其中	人工费（元）				43.74	72.90	116.64
	材料费（元）				5.00	5.00	5.00
	机械费（元）				0.76	1.14	1.90
	仪器仪表费（元）				0.72	1.08	1.80
	名称	代号	单位	单价（元）	数量		
人工	安装工	1002	工日	145.80	0.300	0.500	0.800
材料	其他材料费	2999	元	—	5.000	5.000	5.000
机械	其他机具费	3999	元	—	0.760	1.140	1.900
仪器仪表	其他仪器仪表费	4999	元	—	0.720	1.080	1.800

三、现场音控器安装

工作内容：开箱检查外观及附件，识别接线端子，按系统设计要求在接线盒内安装。 计量单位：台

定额编号					11016001	11016002	11016003	11016004
项目名称					四线制音控器	三线制音控器	多音源音控	有源音控器
预算基价					120.96	120.96	150.86	120.96
其中	人工费（元）				116.64	116.64	145.80	116.64
	材料费（元）				1.36	1.36	1.36	1.36
	机械费（元）				1.52	1.52	1.90	1.52
	仪器仪表费（元）				1.44	1.44	1.80	1.44
	名称	代号	单位	单价（元）	数量			
人工	安装工	1002	工日	145.80	0.800	0.800	1.000	0.800
材料	其他材料费	2999	元	—	1.360	1.360	1.360	1.360
机械	其他机具费	3999	元	—	1.520	1.520	1.900	1.520
仪器仪表	其他仪器仪表费	4999	元	—	1.440	1.440	1.800	1.440

四、音频跳线、插头制作、安装

工作内容：量裁线缆、线缆与插头的安装焊接、测试等。 计量单位：条

定额编号					11017001	11017002
项目名称					音频跳线制作	音频跳线安装
预算基价					18.19	4.37
其中	人工费（元）				17.50	4.37
	材料费（元）				0.51	—
	机械费（元）				—	—
	仪器仪表费（元）				0.18	—
	名称	代号	单位	单价（元）	数量	
人工	安装工	1002	工日	145.80	0.120	0.030
材料	跳线	214265	条	—	—	（1.000）
	插头	214264	个	—	（2.020）	—
	软线	214263	条	—	（1.000）	—
	其他材料费	2999	元	—	0.510	—
仪器仪表	数字多用表	4045	台班	3.600	0.050	—

工作内容：量裁线缆、线缆与插头的安装焊接、测试等。　　　计量单位：个

定额编号					11017003	11017004	11017005	11017006
项目名称					卡依插头	卡依插座	大三芯插头	莲花插头
预算基价					15.20	15.20	18.12	19.57
其中	人工费（元）				14.58	14.58	17.50	18.95
	材料费（元）				0.51	0.51	0.51	0.51
	机械费（元）				—	—	—	—
	仪器仪表费（元）				0.11	0.11	0.11	0.11
名称		代号	单位	单价（元）	数量			
人工	安装工	1002	工日	145.80	0.100	0.100	0.120	0.130
材料	大三芯插头	213412	个	—	—	—	（1.020）	—
	莲花插头	213404	个	—	—	—	—	（1.020）
	卡浓插座	213390	个	—	—	（1.020）	—	—
	卡浓插头	213385	个	—	（1.020）	—	—	—
	其他材料费	2999	元	—	0.510	0.510	0.510	0.510
仪器仪表	数字多用表	4045	台班	3.600	0.030	0.030	0.030	0.030

五、公共广播、背景音乐系统调试

（一）分区试响

工作内容：系统调试、功能技术参数设置，试响广播分区内的每一个广播扬声器。　　　计量单位：系统

定额编号					11018001	11018002	11018003
项目名称					扬声器数量		
					≤ 10 台	≤ 50 台	＞ 50 台，每增加 5 个
预算基价					482.02	831.25	96.29
其中	人工费（元）				419.80	734.65	83.96
	材料费（元）				—	—	—
	机械费（元）				—	—	—
	仪器仪表费（元）				62.22	96.60	12.33
名称		代号	单位	单价（元）	数量		
人工	调试工	1003	工日	209.90	2.000	3.500	0.400
仪器仪表	对讲机	4164	台班	1.500	1.000	2.000	0.100
	数字多用表	4045	台班	3.600	0.200	1.000	0.050
	声源	4331	台班	60.000	1.000	1.500	0.200

（二）应备功能调试

工作内容：对整个广播系统的应备功能进行调试，完成测试报告。　　　　计量单位：系统

定额编号					11019001	11019002	11019003
项目名称					系统应备功能调试		
					三级系统	二级系统	一级系统
预算基价					754.15	1490.30	3207.75
其中	人工费（元）				734.65	1469.30	3148.50
	材料费（元）				—	—	—
	机械费（元）				—	—	—
	仪器仪表费（元）				19.50	21.00	59.25
	名称	代号	单位	单价（元）	数量		
人工	调试工	1003	工日	209.90	3.500	7.000	15.000
仪器仪表	对讲机	4164	台班	1.500	1.000	2.000	3.500
	便携式计算机	4311	台班	18.000	1.000	1.000	3.000

（三）分区电声性能测量

工作内容：测量公共广播系统的电声性能。　　　　计量单位：系统

定额编号					11020001	11020002	11020003	11020004	11020005
项目名称					应备声压级测量	室内声场均匀度测量	室内传输频率特性测量	系统设备信噪比测量	扩声系统语言传输指数测量
预算基价					906.10	906.10	906.10	878.43	1176.00
其中	人工费（元）				839.60	839.60	839.60	839.60	1049.50
	材料费（元）				—	—	—	—	—
	机械费（元）				—	—	—	—	—
	仪器仪表费（元）				66.50	66.50	66.50	38.83	126.50
	名称	代号	单位	单价（元）	数量				
人工	调试工	1003	工日	209.90	4.000	4.000	4.000	4.000	5.000
仪器仪表	对讲机	4164	台班	1.500	1.000	1.000	1.000	1.000	1.000
	真有效值表	4370	台班	12.330	—	—	—	1.000	—
	STIPA 测试仪	4371	台班	66.670	—	—	—	—	1.500
	实时声级计	4332	台班	40.000	1.000	1.000	1.000	—	—
	打印机	4270	台班	23.320	0.300	0.300	0.300	0.300	0.300
	便携式计算机	4311	台班	18.000	1.000	1.000	1.000	1.000	1.000

工作内容：测量公共广播系统的电声性能。 计量单位：系统

定额编号					11020006
项目名称					漏出声衰减测量
预算基价					906.10
其中	人工费（元）				839.60
	材料费（元）				—
	机械费（元）				—
	仪器仪表费（元）				66.50
名称		代号	单位	单价（元）	数量
人工	调试工	1003	工日	209.90	4.000
仪器仪表	便携式计算机	4311	台班	18.000	1.000
	对讲机	4164	台班	1.500	1.000
	实时声级计	4332	台班	40.000	1.000
	打印机	4270	台班	23.320	0.300

（四）分区电声性能指标调试

工作内容：功能技术参数设置、调试，完成测试报告。 计量单位：系统

定额编号					11021001	11021002	11021003
项目名称					电声性能指标调试		
					三级系统	二级系统	一级系统
预算基价					1492.02	2587.40	3565.50
其中	人工费（元）				1364.35	2308.90	3148.50
	材料费（元）				—	—	—
	机械费（元）				—	—	—
	仪器仪表费（元）				127.67	278.50	417.00
名称		代号	单位	单价（元）	数量		
人工	调试工	1003	工日	209.90	6.500	11.000	15.000
仪器仪表	对讲机	4164	台班	1.500	2.000	3.000	4.000
	真有效值表	4370	台班	12.330	—	2.000	3.000
	便携式计算机	4311	台班	18.000	1.000	2.000	3.000
	实时声级计	4332	台班	40.000	1.000	2.000	3.000
	STIPA 测试仪	4371	台班	66.670	1.000	2.000	3.000

（五）公共广播、背景音乐系统试运行

工作内容：对整个广播系统进行试运行。　　　　计量单位：系统

定额编号					11022001
项目名称					系统试运行
预算基价					13157.00
其中	人工费（元）				12594.00
	材料费（元）				—
	机械费（元）				—
	仪器仪表费（元）				563.00
名称		代号	单位	单价（元）	数量
人工	调试工	1003	工日	209.90	60.000
仪器仪表	便携式计算机	4311	台班	18.000	4.000
	对讲机	4164	台班	1.500	10.000
	STIPA 测试仪	4371	台班	66.670	4.000
	真有效值表	4370	台班	12.330	4.000
	实时声级计	4332	台班	40.000	4.000

第二章
视频系统工程

说明及工程量计算规则

说　　明

1. 本章主要内容包括：布放视频线缆、信号采集设备、信号处理设备、显示设备、录编设备等的安装调试及分系统调试、系统联调、系统测量和试运行。

2. 数 / 模（D/A、A/D）转换设备，按本套定额第一册《计算机及网络系统工程　综合布线系统工程　安全防范系统工程　道路交通、停车场管理系统工程　自动售检票系统工程　住宅小区管理系统工程　建筑设备自动化系统工程》中计算机及网络设备安装工程有关子目计算。

3. 本章设备按成套购置考虑。不包括设备固定架、支架的制作、安装。

工程量计算规则

1. 信号采集设备安装，以“台 / 套”计算。
2. 信号处理设备安装，以“台（点）”计算。
3. 显示器 / 接收机、显示墙中单台显示器、监视器、投影机安装，以“台”计算。
4. 投影幕、背投拼接箱、拼接控制器、提词器安装，以“套（个）”计算。
5. LED 显示屏安装，以“m^2”计算。
6. 录编设备安装，以“台 / 套”计算。
7. 视频分系统调试、系统联调、系统测量、试运行，以“系统”计算。

第一节　视频线缆敷设

工作内容：线缆检查、编号、安装（穿放、布放）、断线、固定、临时封头、清理场地。

计量单位：条

定额编号					12001001	12001002	12001003
项目名称					RGB 模拟视频线缆	DVI 数字视频线缆	HDMI 数字视 / 音频线缆
预算基价					44.88	44.99	45.08
其中	人工费（元）				43.74	43.74	43.74
	材料费（元）				0.60	0.65	0.70
	机械费（元）				—	—	—
	仪器仪表费（元）				0.54	0.60	0.64
	名称	代号	单位	单价（元）	数量		
人工	安装工	1002	工日	145.80	0.300	0.300	0.300
材料	RGB 模拟视频线缆	214260	条	—	（1.000）	—	—
	DVI 数字视频线缆	214261	条	—	—	（1.000）	—
	HDMI 数字视 / 音频线缆	214262	条	—	—	—	（1.000）
	其他材料费	2999	元	—	0.600	0.650	0.700
仪器仪表	其他仪器仪表费	4999	元	—	0.540	0.600	0.640

第二节　信号采集设备安装

工作内容：开箱检验、零部件配套、通电检查、调试。

计量单位：套

定额编号					12002001	12002002	12002003	12002004
项目名称					电子白板			
					便携式	后投影式	前投影式	等离子式
预算基价					149.60	227.60	300.00	229.10
其中	人工费（元）				145.80	218.70	291.60	218.70
	材料费（元）				2.00	3.50	3.00	5.00
	机械费（元）				—	—	—	—
	仪器仪表费（元）				1.80	5.40	5.40	5.40
	名称	代号	单位	单价（元）	数量			
人工	安装工	1002	工日	145.80	1.000	1.500	2.000	1.500
材料	其他材料费	2999	元	—	2.000	3.500	3.000	5.000
仪器仪表	便携式计算机	4311	台班	18.000	0.100	0.300	0.300	0.300

工作内容：开箱检验、零部件配套、通电检查、调试。

计量单位：套

定额编号					12002005	12002006	12002007	12002008
项目名称					电子白板			
					普通	复印	手写书写板	液晶书写屏
预算基价					77.70	154.70	46.54	304.10
其中	人工费（元）				72.90	145.80	43.74	291.60
	材料费（元）				3.00	3.50	1.00	3.50
	机械费（元）				—	—	—	—
	仪器仪表费（元）				1.80	5.40	1.80	9.00
	名称	代号	单位	单价（元）	数量			
人工	安装工	1002	工日	145.80	0.500	1.000	0.300	2.000
材料	其他材料费	2999	元	—	3.000	3.500	1.000	3.500
仪器仪表	便携式计算机	4311	台班	18.000	0.100	0.300	0.100	0.500

第三节　信号处理设备安装

一、视频控制设备安装

工作内容：搬运、开箱检验、清点设备、定位、安装视频电缆、安装地线、编号、标记、扎线、查通、通电检查、清理现场。

计量单位：台

定额编号					12003001	12003002	12003003
项目名称					视/音频（AV）矩阵		
					4×4	8×4	8×8
预算基价					331.77	481.98	637.94
其中	人工费（元）				291.60	437.40	583.20
	材料费（元）				23.96	24.77	25.57
	机械费（元）				—	—	—
	仪器仪表费（元）				16.21	19.81	29.17
	名称	代号	单位	单价（元）	数量		
人工	安装工	1002	工日	145.80	2.000	3.000	4.000
材料	铜端子 6	213120	个	4.550	2.040	2.040	2.040
	铜芯聚氯乙烯绝缘电线 BV-6	214011	m	4.340	2.040	2.040	2.040
	其他材料费	2999	元	—	5.820	6.630	7.430
仪器仪表	数字多用表	4045	台班	3.600	0.300	0.300	0.400
	便携式计算机	4311	台班	18.000	0.800	1.000	1.500
	接地电阻检测仪	4287	台班	14.510	0.050	0.050	0.050

工作内容：搬运、开箱检验、清点设备、定位、安装视频电缆、安装地线、编号、标记、扎线、查通、通电检查、清理现场。

计量单位：台

定额编号					12003004	12003005	12003006
项目名称					VGA 矩阵		
					4×4	8×4	8×8
预算基价					623.37	846.48	1366.94
其中	人工费（元）				583.20	801.90	1312.20
	材料费（元）				23.96	24.77	25.57
	机械费（元）				—	—	—
	仪器仪表费（元）				16.21	19.81	29.17
	名称	代号	单位	单价（元）	数量		
人工	安装工	1002	工日	145.80	4.000	5.500	9.000
材料	铜端子 6	213120	个	—	2.040	2.040	2.040
	铜芯聚氯乙烯绝缘电线 BV-6	214011	m	—	2.040	2.040	2.040
	其他材料费	2999	元	—	5.820	6.630	7.430
仪器仪表	数字多用表	4045	台班	3.600	0.300	0.300	0.400
	便携式计算机	4311	台班	18.000	0.800	1.000	1.500
	接地电阻检测仪	4287	台班	14.510	0.050	0.050	0.050

工作内容：搬运、开箱检验、清点设备、定位、安装视频电缆、安装地线、编号、标记、扎线、查通、通电检查、清理现场。

计量单位：台

定额编号					12003007	12003008	12003009
项目名称					组合矩阵（VGA+Audio）		
					4×4	8×4	8×8
预算基价					785.18	1158.50	1542.98
其中	人工费（元）				729.00	1093.50	1458.00
	材料费（元）				25.57	27.19	28.81
	机械费（元）				—	—	—
	仪器仪表费（元）				30.61	37.81	56.17
	名称	代号	单位	单价（元）	数量		
人工	安装工	1002	工日	145.80	5.000	7.500	10.000
材料	铜端子 6	213120	个	4.550	2.040	2.040	2.040
	铜芯聚氯乙烯绝缘电线 BV-6	214011	m	4.340	2.040	2.040	2.040
	其他材料费	2999	元	—	7.430	9.050	10.670
仪器仪表	数字多用表	4045	台班	3.600	0.300	0.300	0.400
	便携式计算机	4311	台班	18.000	1.600	2.000	3.000
	接地电阻检测仪	4287	台班	14.510	0.050	0.050	0.050

工作内容：搬运、开箱检验、清点设备、定位、安装视频电缆、安装地线、编号、标记、扎线、查通、通电检查、清理现场。

计量单位：台

定额编号					12003010	12003011	12003012	12003013
项目名称					视频分配放大器			
					4路	8路	12路	24路
预算基价					148.04	250.86	332.17	489.70
其中	人工费（元）				116.64	218.70	291.60	437.40
	材料费（元）				22.75	23.15	27.96	32.49
	机械费（元）				—	—	—	—
	仪器仪表费（元）				8.65	9.01	12.61	19.81
名称		代号	单位	单价（元）	数量			
人工	安装工	1002	工日	145.80	0.800	1.500	2.000	3.000
材料	铜端子 6	213120	个	4.550	2.040	2.040	2.040	2.040
	铜芯聚氯乙烯绝缘电线 BV–6	214011	m	4.340	2.040	2.040	2.040	2.040
	其他材料费	2999	元	—	4.610	5.010	9.820	14.350
仪器仪表	数字多用表	4045	台班	3.600	0.200	0.300	0.300	0.300
	便携式计算机	4311	台班	18.000	0.400	0.400	0.600	1.000
	接地电阻检测仪	4287	台班	14.510	0.050	0.050	0.050	0.050

工作内容：搬运、开箱检验、清点设备、定位、安装视频电缆、安装地线、编号、标记、扎线、查通、通电检查、清理现场。

计量单位：台

定额编号					12003014	12003015
项目名称					视 / 音频分配放大器	
					1×4	1×8
预算基价					215.09	361.29
其中	人工费（元）				182.25	328.05
	材料费（元）				22.75	23.15
	机械费（元）				—	—
	仪器仪表费（元）				10.09	10.09
名称		代号	单位	单价（元）	数量	
人工	安装工	1002	工日	145.80	1.250	2.250
材料	铜端子 6	213120	个	4.550	2.040	2.040
	铜芯聚氯乙烯绝缘电线 BV–6	214011	m	4.340	2.040	2.040
	其他材料费	2999	元	—	4.610	5.010
仪器仪表	数字多用表	4045	台班	3.600	0.100	0.100
	便携式计算机	4311	台班	18.000	0.500	0.500
	接地电阻检测仪	4287	台班	14.510	0.050	0.050

工作内容：搬运、开箱检验、清点设备、定位、安装视频电缆、安装地线、编号、标记、扎线、查通、通电检查、清理现场。

计量单位：台

定额编号					12003016	12003017
项目名称					VGA 分配放大器	
					1×4	1×8
预算基价					251.54	441.48
其中	人工费（元）				218.70	408.24
	材料费（元）				22.75	23.15
	机械费（元）				—	—
	仪器仪表费（元）				10.09	10.09
名称		代号	单位	单价（元）	数量	
人工	安装工	1002	工日	145.80	1.500	2.800
材料	铜端子 6	213120	个	4.550	2.040	2.040
	铜芯聚氯乙烯绝缘电线 BV-6	214011	m	4.340	2.040	2.040
	其他材料费	2999	元	—	4.610	5.010
仪器仪表	数字多用表	4045	台班	3.600	0.100	0.100
	便携式计算机	4311	台班	18.000	0.500	0.500
	接地电阻检测仪	4287	台班	14.510	0.050	0.050

工作内容：开箱检验、零部件配套、按说明书通电。

计量单位：台

定额编号					12003018	12003019	12003020	12003021	12003022
项目名称					转换器	VGA 转 Video/Video 转 VGA	数字接口转换面板	融合器	3D 图像处理器
预算基价					60.08	74.66	60.08	96.53	182.03
其中	人工费（元）				36.45	51.03	36.45	72.90	145.80
	材料费（元）				22.54	22.54	22.54	22.54	22.54
	机械费（元）				—	—	—	—	—
	仪器仪表费（元）				1.09	1.09	1.09	1.09	13.69
名称		代号	单位	单价（元）	数量				
人工	安装工	1002	工日	145.80	0.250	0.350	0.250	0.500	1.000
材料	铜端子 6	213120	个	4.550	2.040	2.040	2.040	2.040	2.040
	铜芯聚氯乙烯绝缘电线 BV-6	214011	m	4.340	2.040	2.040	2.040	2.040	2.040
	其他材料费	2999	元	—	4.400	4.400	4.400	4.400	4.400
仪器仪表	便携式计算机	4311	台班	18.000	—	—	—	—	0.700
	数字多用表	4045	台班	3.600	0.100	0.100	0.100	0.100	0.100
	接地电阻检测仪	4287	台班	14.510	0.050	0.050	0.050	0.050	0.050

工作内容：搬运、开箱检验、清点设备、定位、安装视频电缆、安装地线、编号、标记、扎线、查通、通电检查、清理现场。

计量单位：台

定额编号					12003023	12003024	12003025	12003026
项目名称					视频切换器		视 / 音频切换器	
					4×1	8×1	4×1	8×1
预算基价					161.30	266.65	295.22	505.52
其中	人工费（元）				132.24	237.19	262.38	472.28
	材料费（元）				22.75	23.15	22.75	23.15
	机械费（元）				—	—	—	—
	仪器仪表费（元）				6.31	6.31	10.09	10.09
	名称	代号	单位	单价（元）	数量			
人工	调试工	1003	工日	209.90	0.630	1.130	1.250	2.250
材料	铜端子 6	213120	个	4.550	2.040	2.040	2.040	2.040
	铜芯聚氯乙烯绝缘电线 BV-6	214011	m	4.340	2.040	2.040	2.040	2.040
	其他材料费	2999	元	—	4.610	5.010	4.610	5.010
仪器仪表	数字多用表	4045	台班	3.600	0.050	0.050	0.100	0.100
	便携式计算机	4311	台班	18.000	0.300	0.300	0.500	0.500
	接地电阻检测仪	4287	台班	14.510	0.050	0.050	0.050	0.050

工作内容：搬运、开箱检验、清点设备、定位、安装视频电缆、安装地线、编号、标记、扎线、查通、通电检查、清理现场。

计量单位：台

定额编号					12003027	12003028
项目名称					VGA 切换器	
					4×1	8×1
预算基价					251.54	397.74
其中	人工费（元）				218.70	364.50
	材料费（元）				22.75	23.15
	机械费（元）				—	—
	仪器仪表费（元）				10.09	10.09
	名称	代号	单位	单价（元）	数量	
人工	安装工	1002	工日	145.80	1.500	2.500
材料	铜端子 6	213120	个	4.550	2.040	2.040
	铜芯聚氯乙烯绝缘电线 BV-6	214011	m	4.340	2.040	2.040
	其他材料费	2999	元	—	4.610	5.010
仪器仪表	数字多用表	4045	台班	3.600	0.100	0.100
	便携式计算机	4311	台班	18.000	0.500	0.500
	接地电阻检测仪	4287	台班	14.510	0.050	0.050

工作内容：搬运、开箱检验、清点设备、定位、安装视频电缆、安装地线、编号、标记、扎线、查通、通电检查、清理现场。

计量单位：台

<table>
<tr><td colspan="5">定 额 编 号</td><td>12003029</td><td>12003030</td><td>12003031</td></tr>
<tr><td colspan="5" rowspan="2">项 目 名 称</td><td colspan="3">微机矩阵切换设备</td></tr>
<tr><td>≤ 8 路</td><td>≤ 16 路</td><td>≤ 32 路</td></tr>
<tr><td colspan="5">预 算 基 价</td><td>331.77</td><td>481.98</td><td>783.74</td></tr>
<tr><td rowspan="4">其中</td><td colspan="4">人工费（元）</td><td>291.60</td><td>437.40</td><td>729.00</td></tr>
<tr><td colspan="4">材料费（元）</td><td>23.96</td><td>24.77</td><td>25.57</td></tr>
<tr><td colspan="4">机械费（元）</td><td>—</td><td>—</td><td>—</td></tr>
<tr><td colspan="4">仪器仪表费（元）</td><td>16.21</td><td>19.81</td><td>29.17</td></tr>
<tr><td colspan="2">名 称</td><td>代号</td><td>单位</td><td>单价（元）</td><td colspan="3">数 量</td></tr>
<tr><td>人工</td><td>安装工</td><td>1002</td><td>工日</td><td>145.80</td><td>2.000</td><td>3.000</td><td>5.000</td></tr>
<tr><td rowspan="3">材料</td><td>铜端子 6</td><td>213120</td><td>个</td><td>4.550</td><td>2.040</td><td>2.040</td><td>2.040</td></tr>
<tr><td>铜芯聚氯乙烯绝缘电线 BV–6</td><td>214011</td><td>m</td><td>4.340</td><td>2.040</td><td>2.040</td><td>2.040</td></tr>
<tr><td>其他材料费</td><td>2999</td><td>元</td><td>—</td><td>5.820</td><td>6.630</td><td>7.430</td></tr>
<tr><td rowspan="3">仪器仪表</td><td>数字多用表</td><td>4045</td><td>台班</td><td>3.600</td><td>0.300</td><td>0.300</td><td>0.400</td></tr>
<tr><td>便携式计算机</td><td>4311</td><td>台班</td><td>18.000</td><td>0.800</td><td>1.000</td><td>1.500</td></tr>
<tr><td>接地电阻检测仪</td><td>4287</td><td>台班</td><td>14.510</td><td>0.050</td><td>0.050</td><td>0.050</td></tr>
</table>

工作内容：搬运、开箱检验、清点设备、定位、安装视频电缆、安装地线、编号、标记、扎线、查通、通电检查、清理现场。

计量单位：台

<table>
<tr><td colspan="5">定 额 编 号</td><td>12003032</td><td>12003033</td><td>12003034</td></tr>
<tr><td colspan="5" rowspan="2">项 目 名 称</td><td colspan="3">微机矩阵切换设备</td></tr>
<tr><td>≤ 64 路</td><td>≤ 128 路</td><td>≤ 256 路</td></tr>
<tr><td colspan="5">预 算 基 价</td><td>1206.57</td><td>1648.38</td><td>2241.74</td></tr>
<tr><td rowspan="4">其中</td><td colspan="4">人工费（元）</td><td>1166.40</td><td>1603.80</td><td>2187.00</td></tr>
<tr><td colspan="4">材料费（元）</td><td>23.96</td><td>24.77</td><td>25.57</td></tr>
<tr><td colspan="4">机械费（元）</td><td>—</td><td>—</td><td>—</td></tr>
<tr><td colspan="4">仪器仪表费（元）</td><td>16.21</td><td>19.81</td><td>29.17</td></tr>
<tr><td colspan="2">名 称</td><td>代号</td><td>单位</td><td>单价（元）</td><td colspan="3">数 量</td></tr>
<tr><td>人工</td><td>安装工</td><td>1002</td><td>工日</td><td>145.80</td><td>8.000</td><td>11.000</td><td>15.000</td></tr>
<tr><td rowspan="3">材料</td><td>铜端子 6</td><td>213120</td><td>个</td><td>4.550</td><td>2.040</td><td>2.040</td><td>2.040</td></tr>
<tr><td>铜芯聚氯乙烯绝缘电线 BV–6</td><td>214011</td><td>m</td><td>4.340</td><td>2.040</td><td>2.040</td><td>2.040</td></tr>
<tr><td>其他材料费</td><td>2999</td><td>元</td><td>—</td><td>5.820</td><td>6.630</td><td>7.430</td></tr>
<tr><td rowspan="3">仪器仪表</td><td>数字多用表</td><td>4045</td><td>台班</td><td>3.600</td><td>0.300</td><td>0.300</td><td>0.400</td></tr>
<tr><td>便携式计算机</td><td>4311</td><td>台班</td><td>18.000</td><td>0.800</td><td>1.000</td><td>1.500</td></tr>
<tr><td>接地电阻检测仪</td><td>4287</td><td>台班</td><td>14.510</td><td>0.050</td><td>0.050</td><td>0.050</td></tr>
</table>

工作内容：开箱检验、零部件配套、通电检查。

计量单位：台

定额编号					12003035	12003036	12003037	12003038
项目名称					多画面分割器（合成器）			
					4 画面	9 画面	16 画面	24 画面
预算基价					117.20	219.26	339.86	485.66
其中	人工费（元）				87.48	189.54	306.18	451.98
	材料费（元）				22.51	22.51	22.51	22.51
	机械费（元）				—	—	—	—
	仪器仪表费（元）				7.21	7.21	11.17	11.17
名称		代号	单位	单价（元）	数量			
人工	安装工	1002	工日	145.80	0.600	1.300	2.100	3.100
材料	铜端子 6	213120	个	4.550	2.040	2.040	2.040	2.040
	铜芯聚氯乙烯绝缘电线 BV-6	214011	m	4.340	2.040	2.040	2.040	2.040
	其他材料费	2999	元	—	4.370	4.370	4.370	4.370
仪器仪表	便携式计算机	4311	台班	18.000	0.300	0.300	0.500	0.500
	数字多用表	4045	台班	3.600	0.300	0.300	0.400	0.400
	接地电阻检测仪	4287	台班	14.510	0.050	0.050	0.050	0.050

工作内容：开箱检验、零部件配套、通电检查。

计量单位：台

定额编号					12003039	12003040	12003041
项目名称					数字特技机	模拟特技机	多点控制器 MCU（单点）
预算基价					462.32	316.52	52.79
其中	人工费（元）				437.40	291.60	29.16
	材料费（元）				22.75	22.75	22.54
	机械费（元）				—	—	—
	仪器仪表费（元）				2.17	2.17	1.09
名称		代号	单位	单价（元）	数量		
人工	安装工	1002	工日	145.80	3.000	2.000	0.200
材料	铜端子 6	213120	个	4.550	2.040	2.040	2.040
	铜芯聚氯乙烯绝缘电线 BV-6	214011	m	4.340	2.040	2.040	2.040
	其他材料费	2999	元	—	4.610	4.610	4.400
仪器仪表	数字多用表	4045	台班	3.600	0.400	0.400	0.100
	接地电阻检测仪	4287	台班	14.510	0.050	0.050	0.050

工作内容：开箱检验、接线、接地、本体安装天调试等。　　计量单位：台

定额编号					12003042
项目名称					会议终端
预算基价					140.48
其中	人工费（元）				116.64
	材料费（元）				22.75
	机械费（元）				—
	仪器仪表费（元）				1.09
名称		代号	单位	单价（元）	数量
人工	安装工	1002	工日	145.80	0.800
材料	铜端子 6	213120	个	4.550	2.040
	铜芯聚氯乙烯绝缘电线 BV-6	214011	m	4.340	2.040
	其他材料费	2999	元	—	4.610
仪器仪表	数字多用表	4045	台班	3.600	0.100
	接地电阻检测仪	4287	台班	14.510	0.050

工作内容：开箱检验、固定、安装、接线、通电检查、调试。　　计量单位：套

定额编号					12003043	12003044
项目名称					流媒体会议直播机	流媒体课程直录 / 播机
预算基价					752.12	898.14
其中	人工费（元）				729.00	874.80
	材料费（元）				5.12	5.34
	机械费（元）				—	—
	仪器仪表费（元）				18.00	18.00
名称		代号	单位	单价（元）	数量	
人工	安装工	1002	工日	145.80	5.000	6.000
材料	其他材料费	2999	元	—	5.120	5.340
仪器仪表	便携式计算机	4311	台班	18.000	1.000	1.000

二、视频补偿器安装

工作内容：搬运、开箱检验、清点设备、定位、安装视频电缆、安装地线、编号、标记、扎线、查通、通电检查、清理现场。

计量单位：台

定额编号					12004001	12004002
项目名称					视频补偿器	
					≤ 3 通道	≤ 6 通道
预算基价					115.22	249.14
其中	人工费（元）				87.48	218.70
	材料费（元）				22.51	22.51
	机械费（元）				—	—
	仪器仪表费（元）				5.23	7.93
名称		代号	单位	单价（元）	数量	
人工	安装工	1002	工日	145.80	0.600	1.500
材料	铜端子 6	213120	个	4.550	2.040	2.040
	铜芯聚氯乙烯绝缘电线 BV–6	214011	m	4.340	2.040	2.040
	其他材料费	2999	元	—	4.370	4.370
仪器仪表	便携式计算机	4311	台班	18.000	0.250	0.400
	接地电阻检测仪	4287	台班	14.510	0.050	0.050

工作内容：开箱检查、设备初验、检查基础、安装设备、调试设备、试运行。

计量单位：台

定额编号					12004003	12004004
项目名称					视频传输设备	
					多路遥控发射设备	接收设备
预算基价					611.70	469.64
其中	人工费（元）				583.20	437.40
	材料费（元）				22.51	22.51
	机械费（元）				—	—
	仪器仪表费（元）				5.99	9.73
名称		代号	单位	单价（元）	数量	
人工	安装工	1002	工日	145.80	4.000	3.000
材料	铜端子 6	213120	个	4.550	2.040	2.040
	铜芯聚氯乙烯绝缘电线 BV–6	214011	m	4.340	2.040	2.040
	其他材料费	2999	元	—	4.370	4.370
仪器仪表	数字多用表	4045	台班	3.600	0.500	—
	便携式计算机	4311	台班	18.000	—	0.500
	接地电阻检测仪	4287	台班	14.510	0.050	0.050
	小功率计	4050	台班	6.930	0.500	—

三、视频传输设备安装

工作内容：开箱检查、设备初验、检查基础、安装设备、调试设备、试运行。　　计量单位：台

定额编号					12005001	12005002
项目名称					编码器、解码器	
					≤4路	>4路
预算基价					85.52	152.16
其中	人工费（元）				58.32	116.64
	材料费（元）				22.51	26.87
	机械费（元）				—	—
	仪器仪表费（元）				4.69	8.65
名称		代号	单位	单价（元）	数量	
人工	安装工	1002	工日	145.80	0.400	0.800
材料	铜端子 6	213120	个	4.550	2.040	2.040
	铜芯聚氯乙烯绝缘电线 BV-6	214011	m	4.340	2.040	2.040
	其他材料费	2999	元	—	4.370	8.730
仪器仪表	数字多用表	4045	台班	3.600	0.100	0.200
	便携式计算机	4311	台班	18.000	0.200	0.400
	接地电阻检测仪	4287	台班	14.510	0.050	0.050

工作内容：开箱检查、设备初验、检查基础、安装设备、调试设备、试运行。　　计量单位：台

定额编号					12005003	12005004
项目名称					双绞线视频传输系统	
					发送器	接收器
预算基价					168.93	210.91
其中	人工费（元）				167.92	209.90
	材料费（元）				—	—
	机械费（元）				—	—
	仪器仪表费（元）				1.01	1.01
名称		代号	单位	单价（元）	数量	
人工	调试工	1003	工日	209.90	0.800	1.000
仪器仪表	其他仪器仪表费	4999	元	—	1.010	1.010

第四节　显示设备安装

工作内容：开箱检查、定位、划线、接线、本体安装调试等。　　计量单位：台

定额编号				12006001	12006002	12006003	12006004
项目名称				显示器			
				摆放		壁挂或悬挂	
				≤ 50″	> 50″	≤ 50″	> 50″
预算基价				122.86	227.40	238.52	430.54
其中	人工费（元）			116.64	218.70	189.54	379.08
	材料费（元）			4.20	4.20	30.44	30.44
	机械费（元）			—	2.48	16.52	19.00
	仪器仪表费（元）			2.02	2.02	2.02	2.02
名称		代号	单位	单价（元）	数量		
人工	安装工	1002	工日	145.80	0.800	1.500	1.300	2.600
材料	其他材料费	2999	元	—	4.200	4.200	30.440	30.440
机械	液压升降机	3059	台班	33.030	—	—	0.500	0.500
	手动液压叉车	3065	台班	12.400	—	0.200	—	0.200
仪器仪表	其他仪器仪表费	4999	元	—	2.020	2.020	2.020	2.020

工作内容：搬运、开箱检查、清点设备、安装、固定、接线、通电检查、调试、清理现场。　　计量单位：台

定额编号					12006005	12006006	12006007	12006008
项目名称					投影仪			
					摆放式		吊装式	
					≤ 5000lm	> 5000lm	≤ 5000lm	> 5000lm
预算基价					40.65	77.10	147.08	176.24
其中	人工费（元）				36.45	72.90	116.64	145.80
	材料费（元）				4.20	4.20	30.44	30.44
	机械费（元）				—	—	—	—
	仪器仪表费（元）				—	—	—	—
	名称	代号	单位	单价（元）	数量			
人工	安装工	1002	工日	145.80	0.250	0.500	0.800	1.000
材料	吊架	201101	kg	—	—	—	（1.000）	（1.000）
	其他材料费	2999	元	—	4.200	4.200	30.440	30.440

工作内容：开箱检验、零部件配套、按说明书通电、检查。　　　　计量单位：套

定额编号					12006009	12006010	12006011
项目名称					卷帘屏幕		方幕
					≤ 120″	> 120″	
预算基价					332.65	915.85	332.65
其中	人工费（元）				291.60	874.80	291.60
	材料费（元）				35.65	35.65	35.65
	机械费（元）				—	—	—
	仪器仪表费（元）				5.40	5.40	5.40
名称		代号	单位	单价（元）	数量		
人工	安装工	1002	工日	145.80	2.000	6.000	2.000
材料	其他材料费	2999	元	—	35.650	35.650	35.650
仪器仪表	便携式计算机	4311	台班	18.000	0.300	0.300	0.300

工作内容：开箱检验、零部件配套、按说明书通电、检查。　　　　计量单位：套

定额编号					12006012	12006013
项目名称					硬质银幕、金属幕	
					≤ 100″	> 100″
预算基价					259.75	624.25
其中	人工费（元）				218.70	583.20
	材料费（元）				35.65	35.65
	机械费（元）				—	—
	仪器仪表费（元）				5.40	5.40
名称		代号	单位	单价（元）	数量	
人工	安装工	1002	工日	145.80	1.500	4.000
材料	其他材料费	2999	元	—	35.650	35.650
仪器仪表	便携式计算机	4311	台班	18.000	0.300	0.300

工作内容：开箱检验、零部件配套、按说明书通电、检查。　　计量单位：套

定额编号				12006014	12006015	12006016
项目名称				背投箱体		
				≤ 80″	80″ ～ 120″	> 120″
预算基价				459.60	906.00	1206.60
其中	人工费（元）			437.40	874.80	1166.40
	材料费（元）			4.20	4.20	4.20
	机械费（元）			—	—	—
	仪器仪表费（元）			18.00	27.00	36.00
名称		代号	单位	单价（元）	数量		
人工	安装工	1002	工日	145.80	3.000	6.000	8.000
材料	其他材料费	2999	元	—	4.200	4.200	4.200
仪器仪表	便携式计算机	4311	台班	18.000	1.000	1.500	2.000

工作内容：开箱检验、零部件配套、按说明书通电、检查。

定额编号					12006017	12006018	12006019	12006020
项目名称					拼接控制器（套）			拼接卡（个）
					≤ 16 路	16 ～ 32 路	> 32 路	
预算基价					620.58	939.18	1230.78	77.42
其中	人工费（元）				583.20	874.80	1166.40	72.90
	材料费（元）				1.38	1.38	1.38	0.92
	机械费（元）				—	—	—	—
	仪器仪表费（元）				36.00	63.00	63.00	3.60
名称		代号	单位	单价（元）	数量			
人工	安装工	1002	工日	145.80	4.000	6.000	8.000	0.500
材料	其他材料费	2999	元	—	1.380	1.380	1.380	0.920
仪器仪表	便携式计算机	4311	台班	18.000	2.000	3.500	3.500	0.200

工作内容：开箱检验、零部件配套、按说明书通电、检查。　　计量单位：m^2

定额编号					12006021	12006022	12006023
项目名称					LED 显示屏（壁挂、吊装）		
					室内		全彩、双基色室外
					双基色	全彩	
预算基价					256.11	401.91	475.56
其中	人工费（元）				218.70	364.50	437.40
	材料费（元）				30.18	30.18	30.18
	机械费（元）				1.65	1.65	1.65
	仪器仪表费（元）				5.58	5.58	6.33
名称		代号	单位	单价（元）	数量		
人工	安装工	1002	工日	145.80	1.500	2.500	3.000
材料	其他材料费	2999	元	—	30.180	30.180	30.180
机械	液压升降机	3059	台班	33.030	0.050	0.050	0.050
仪器仪表	对讲机	4164	台班	1.500	—	—	0.500
	数字多用表	4045	台班	3.600	0.050	0.050	0.050
	便携式计算机	4311	台班	18.000	0.300	0.300	0.300

工作内容：开箱检验、零部件配套、按说明书通电、检查。　　计量单位：套

定额编号					12006024	12006025	12006026
项目名称					摄像机彩色提词器	微机型彩色提词器	综合型平板提词器
预算基价					76.50	92.88	122.04
其中	人工费（元）				72.90	87.48	116.64
	材料费（元）				—	—	—
	机械费（元）				—	—	—
	仪器仪表费（元）				3.60	5.40	5.40
名称		代号	单位	单价（元）	数量		
人工	安装工	1002	工日	145.80	0.500	0.600	0.800
仪器仪表	便携式计算机	4311	台班	18.000	0.200	0.300	0.300

工作内容：搬运、开箱检查、清点设备、定位、打孔、安装、连线、通电检查、清理现场。

计量单位：台

定额编号					12006027	12006028
项目名称					幻灯机	展示台
预算基价					77.61	77.61
其中	人工费（元）				72.90	72.90
	材料费（元）				4.20	4.20
	机械费（元）				—	—
	仪器仪表费（元）				0.51	0.51
名称		代号	单位	单价（元）	数量	
人工	安装工	1002	工日	145.80	0.500	0.500
材料	其他材料费	2999	元	—	4.200	4.200
仪器仪表	其他仪器仪表费	4999	元	—	0.510	0.510

第五节　录编设备安装

工作内容：开箱检查、设备初验、检查基础、安装设备、调试设备。

计量单位：台

定额编号					12007001	12007002
项目名称					录像设备	
					不带编辑功能	带编辑功能
预算基价					106.43	223.07
其中	人工费（元）				102.06	218.70
	材料费（元）				4.37	4.37
	机械费（元）				—	—
	仪器仪表费（元）				—	—
名称		代号	单位	单价（元）	数量	
人工	安装工	1002	工日	145.80	0.700	1.500
材料	其他材料费	2999	元	—	4.370	4.370

工作内容：开箱检查、设备初验、检查基础、安装设备、调试设备。　　计量单位：台

定额编号					12007003	12007004
项目名称					录像设备	
					时滞录像机	磁带录像机
预算基价					106.43	91.85
其中	人工费（元）				102.06	87.48
	材料费（元）				4.37	4.37
	机械费（元）				—	—
	仪器仪表费（元）				—	—
名称		代号	单位	单价（元）	数量	
人工	安装工	1002	工日	145.80	0.700	0.600
材料	其他材料费	2999	元	—	4.370	4.370

工作内容：搬运、开箱检查、清点设备、定位、连接线缆、通电检查。　　计量单位：台

定额编号					12007005	12007006	12007007	12007008
项目名称					录像机/放像机	编辑控制器	高保真复制机	硬盘放像机
预算基价					322.44	249.54	176.64	614.04
其中	人工费（元）				291.60	218.70	145.80	583.20
	材料费（元）				30.84	30.84	30.84	30.84
	机械费（元）				—	—	—	—
	仪器仪表费（元）				—	—	—	—
名称		代号	单位	单价（元）	数量			
人工	安装工	1002	工日	145.80	2.000	1.500	1.000	4.000
材料	其他材料费	2999	元	—	30.840	30.840	30.840	30.840

工作内容：搬运、开箱检查、清点设备、定位、连接线缆、通电检查。

计量单位：台

定额编号					12007009	12007010	12007011
项目名称					视频服务器		
					≤ 50 路视频	≤ 100 路视频	≤ 200 路视频
预算基价					18.87	18.87	18.87
其中	人工费（元）				—	—	—
	材料费（元）				18.14	18.14	18.14
	机械费（元）				—	—	—
	仪器仪表费（元）				0.73	0.73	0.73
名称		代号	单位	单价（元）	数量		
材料	铜端子 6	213120	个	4.550	2.040	2.040	2.040
	铜芯聚氯乙烯绝缘电线 BV–6	214011	m	4.340	2.040	2.040	2.040
仪器仪表	接地电阻检测仪	4287	台班	14.510	0.050	0.050	0.050

第六节　视频系统调试

工作内容：对视频设备信号通道数进行测试、调整和考核等。

计量单位：系统

定额编号					12008001	12008002
项目名称					信号通道数	
					≤ 20 个	＞ 20 个，每增加 5 个
预算基价					3250.07	261.71
其中	人工费（元）				3148.50	251.88
	材料费（元）				—	—
	机械费（元）				—	—
	仪器仪表费（元）				101.57	9.83
名称		代号	单位	单价（元）	数量	
人工	调试工	1003	工日	209.90	15.000	1.200
仪器仪表	数字多用表	4045	台班	3.600	1.000	0.200
	对讲机	4164	台班	1.500	1.500	0.250
	彩色监视器	4070	台班	27.810	1.500	0.120
	便携式计算机	4311	台班	18.000	3.000	0.300

第七节　视频系统性能测量

工作内容：测量视频系统的性能，完成测试报告。　　计量单位：系统

定额编号					12009001	12009002	12009003	12009004	12009005
项目名称					图像清晰度	亮度	对比度	视角	亮度均匀性
预算基价					48.46	96.92	48.46	96.92	242.30
其中	人工费（元）				41.98	83.96	41.98	83.96	209.90
	材料费（元）				—	—	—	—	—
	机械费（元）				—	—	—	—	—
	仪器仪表费（元）				6.48	12.96	6.48	12.96	32.40
名称		代号	单位	单价（元）	数量				
人工	调试工	1003	工日	209.90	0.200	0.400	0.200	0.400	1.000
仪器仪表	信号发生器	4000	台班	14.100	0.100	0.200	0.100	0.200	0.500
	亮度计	4391	台班	50.690	0.100	0.200	0.100	0.200	0.500

工作内容：测量视频系统的性能，完成测试报告。　　计量单位：系统

定额编号					12009006
项目名称					色度不均匀性
预算基价					270.61
其中	人工费（元）				209.90
	材料费（元）				—
	机械费（元）				5.87
	仪器仪表费（元）				54.84
名称		代号	单位	单价（元）	数量
人工	调试工	1003	工日	209.90	1.000
仪器仪表	示波器	4111	台班	14.090	0.500
	色度计	4392	台班	109.680	0.500

工作内容：测量视频系统的性能，完成测试报告。　　计量单位：系统

定额编号					12009007	12009008	12009009	12009010
项目名称					换帧频率	刷新频率	通断比	像素失控率
预算基价					86.31	86.31	48.46	28.04
其中	人工费（元）				83.96	83.96	41.98	20.99
	材料费（元）				—	—	—	—
	机械费（元）				2.35	2.35	—	—
	仪器仪表费（元）				—	—	6.48	7.05
	名称	代号	单位	单价（元）	数量			
人工	调试工	1003	工日	209.90	0.400	0.400	0.200	0.100
仪器仪表	信号发生器	4000	台班	14.100	—	—	0.100	0.500
	亮度计	4391	台班	50.690	—	—	0.100	—
	示波器	4111	台班	14.090	0.200	0.200	—	—

工作内容：测量视频系统的性能，完成测试报告。　　计量单位：系统

定额编号					12009011	12009012	12009013	12009014	12009015
项目名称					色域覆盖率	信噪比	灰度等级	平整度	图像拼接误差
预算基价					90.44	47.68	43.39	155.40	179.21
其中	人工费（元）				83.96	41.98	41.98	83.96	104.95
	材料费（元）				—	—	—	—	—
	机械费（元）				—	—	—	71.44	71.44
	仪器仪表费（元）				6.48	5.70	1.41	—	2.82
	名称	代号	单位	单价（元）	数量				
人工	调试工	1003	工日	209.90	0.400	0.200	0.200	0.400	0.500
机械	平台升降机 22m	3125	台班	714.410	—	—	—	0.100	0.100
仪器仪表	视频分析仪	4393	台班	42.940	—	0.100	—	—	—
	信号发生器	4000	台班	14.100	0.100	0.100	0.100	—	0.200
	亮度计	4391	台班	50.690	0.100	—	—	—	—

第八节　试　运　行

工作内容：试运行期间进行人员培训、资料整理、测试报告（达标级别）、移交等。　计量单位：系统

定额编号					12010001
项目名称					试　运　行
预算基价					19790.10
其中	人工费（元）				18891.00
	材料费（元）				—
	机械费（元）				—
	仪器仪表费（元）				899.10
名　　称		代号	单位	单价（元）	数　　量
人工	调试工	1003	工日	209.90	90.000
仪器仪表	数字多用表	4045	台班	3.600	10.000
	对讲机	4164	台班	1.500	30.000
	彩色监视器	4070	台班	27.810	10.000
	便携式计算机	4311	台班	18.000	30.000

第三章
灯光系统工程

说明及工程量计算规则

说　　明

1. 本章主要内容包括：调光台、电脑灯控制台、换色器控制台、调光硅柜（箱）、灯具、效果器具、换色器、专用电源盒等的安装调试及系统调试和试运行。

2. 各种灯光设备计算依据主要以国产产品为主，进口相似设备可以参照执行。

3. 各种灯具所用电源插头以舞台常规专用插头基准价为计算依据。

4. 调光硅柜安装的基础条件预算定额参照土建相关定额执行。

工程量计算规则

1. 本章调光台、电脑灯控制台、换色器控制台、调光硅柜（箱）、灯具、效果器具、换色器和电源盒安装，以“台”计算。

2. 灯光设备系统调试、试运行，以“系统”计算。

第一节　调光台安装

工作内容：开箱检验、调光台安装、输出信号源引出、电源引入、调试。　　计量单位：台

定额编号					13001001	13001002	13001003
项目名称					模拟调光台		
					≤ 6 路	≤ 12 路	≤ 18 路
预算基价					99.44	175.26	251.60
其中	人工费（元）				72.90	145.80	218.70
	材料费（元）				23.26	24.38	25.64
	机械费（元）				—	—	—
	仪器仪表费（元）				3.28	5.08	7.26
名称		代号	单位	单价（元）	数量		
人工	安装工	1002	工日	145.80	0.500	1.000	1.500
材料	铜端子 6	213120	个	4.550	2.040	2.040	2.040
	铜芯聚氯乙烯绝缘电线 BV-6	214011	m	4.340	2.040	2.040	2.040
	其他材料费	2999	元	—	5.120	6.240	7.500
仪器仪表	接地电阻检测仪	4287	台班	14.510	0.050	0.050	0.050
	其他仪器仪表费	4999	元	—	2.550	4.350	6.530

工作内容：开箱检验、调光台安装、输出信号源引出、电源引入、调试。　　计量单位：台

定额编号					13001004	13001005	13001006
项目名称					模拟调光台		
					≤ 24 路	≤ 36 路	≤ 48 路
预算基价					290.42	402.02	515.22
其中	人工费（元）				255.15	364.50	473.85
	材料费（元）				26.74	27.34	28.64
	机械费（元）				—	—	—
	仪器仪表费（元）				8.53	10.18	12.73
名称		代号	单位	单价（元）	数量		
人工	安装工	1002	工日	145.80	1.750	2.500	3.250
材料	铜端子 6	213120	个	4.550	2.040	2.040	2.040
	铜芯聚氯乙烯绝缘电线 BV-6	214011	m	4.340	2.040	2.040	2.040
	其他材料费	2999	元	—	8.600	9.200	10.500
仪器仪表	接地电阻检测仪	4287	台班	14.510	0.050	0.050	0.050
	其他仪器仪表费	4999	元	—	7.800	9.450	12.000

工作内容：开箱检验、调光台安装、电源连接、输出信号源连接、调试。　　计量单位：台

定额编号					13001007	13001008	13001009
项目名称					模拟调光台		
					≤ 60 路	≤ 90 路	≤ 120 路
预算基价					1041.85	1308.17	1731.42
其中	人工费（元）				997.03	1259.40	1679.20
	材料费（元）				29.54	30.94	31.84
	机械费（元）				—	—	—
	仪器仪表费（元）				15.28	17.83	20.38
名称		代号	单位	单价（元）	数量		
人工	调试工	1003	工日	209.90	4.750	6.000	8.000
材料	铜端子 6	213120	个	4.550	2.040	2.040	2.040
	铜芯聚氯乙烯绝缘电线 BV-6	214011	m	4.340	2.040	2.040	2.040
	其他材料费	2999	元	—	11.400	12.800	13.700
仪器仪表	接地电阻检测仪	4287	台班	14.510	0.050	0.050	0.050
	其他仪器仪表费	4999	元	—	14.550	17.100	19.650

工作内容：开箱检验、调光台安装、电源线连接、加电试验、输出线路连接、调试。　　计量单位：台

定额编号					13001010	13001011	13001012
项目名称					观众席调光台		
					≤ 3 路场灯调光	≤ 6 路场灯调光	≤ 12 路场灯调光
预算基价					174.38	248.64	326.74
其中	人工费（元）				145.80	218.70	291.60
	材料费（元）				23.35	24.48	25.71
	机械费（元）				—	—	—
	仪器仪表费（元）				5.23	5.46	9.43
名称		代号	单位	单价（元）	数量		
人工	安装工	1002	工日	145.80	1.000	1.500	2.000
材料	铜端子 6	213120	个	4.550	2.040	2.040	2.040
	铜芯聚氯乙烯绝缘电线 BV-6	214011	m	4.340	2.040	2.040	2.040
	其他材料费	2999	元	—	5.210	6.340	7.570
仪器仪表	接地电阻检测仪	4287	台班	14.510	0.050	0.050	0.050
	其他仪器仪表费	4999	元	—	4.500	4.730	8.700

工作内容：开箱检验、调光台安装、输出信号线连接、电源线连接、调试。　　计量单位：台

定额编号				13001013	13001014	13001015	13001016
项目名称				数字调光台			
				≤ 512 路	≤ 1024 路	≤ 2048 路	≤ 4096 路
预算基价				524.11	647.58	779.96	1005.01
其中	人工费（元）			364.50	437.40	510.30	656.10
	材料费（元）			26.74	34.64	51.45	85.48
	机械费（元）			—	—	—	—
	仪器仪表费（元）			132.87	175.54	218.21	263.43
名称	代号	单位	单价（元）	数量			
人工　安装工	1002	工日	145.80	2.500	3.000	3.500	4.500
材料　铜端子 6	213120	个	4.550	2.040	2.040	2.040	2.040
材料　铜芯聚氯乙烯绝缘电线 BV-6	214011	m	4.340	2.040	2.040	2.040	2.040
材料　其他材料费	2999	元	—	8.600	16.500	33.310	67.340
仪器仪表　光功率计	4059	台班	73.670	0.500	0.500	0.500	0.500
仪器仪表　便携式计算机	4311	台班	18.000	1.000	2.000	3.000	4.000
仪器仪表　接地电阻检测仪	4287	台班	14.510	0.050	0.050	0.050	0.050
仪器仪表　示波器	4112	台班	44.240	1.500	2.000	2.500	3.000
仪器仪表　其他仪器仪表费	4999	元	—	10.950	13.500	16.050	21.150

第二节　电脑灯控制台安装

工作内容：开箱检验、设备安装、输出信号源引出、电源引入、调试。　　计量单位：台

定额编号				13002001	13002002	13002003	13002004
项目名称				电脑灯控制台			
				≤ 512 路	≤ 1024 路	≤ 2048 路	≤ 4096 路
预算基价				504.09	702.26	910.09	1303.06
其中	人工费（元）			364.50	510.30	656.10	947.70
	材料费（元）			26.74	34.64	51.45	85.48
	机械费（元）			—	—	—	—
	仪器仪表费（元）			112.85	157.32	202.54	269.88
名称	代号	单位	单价（元）	数量			
人工　安装工	1002	工日	145.80	2.500	3.500	4.500	6.500
材料　铜端子 6	213120	个	4.550	2.040	2.040	2.040	2.040
材料　铜芯聚氯乙烯绝缘电线 BV-6	214011	m	4.340	2.040	2.040	2.040	2.040
材料　其他材料费	2999	元	—	8.600	16.500	33.310	67.340
仪器仪表　光功率计	4059	台班	73.670	0.500	0.500	0.500	0.500
仪器仪表　便携式计算机	4311	台班	18.000	1.000	2.000	3.000	4.000
仪器仪表　接地电阻检测仪	4287	台班	14.510	0.050	0.050	0.050	0.050
仪器仪表　示波器	4112	台班	44.240	1.000	1.500	2.000	3.000
仪器仪表　其他仪器仪表费	4999	元	—	13.050	17.400	22.500	27.600

第三节　换色器控制台安装

工作内容：开箱检验、设备安装、控制信号源引出、电源引入、调试。　　　　计量单位：台

定额编号				13003001	13003002	13003003	13003004
项目名称				换色器控制台			
				数字控制台	信号分配器	载波4路	载波8路
预算基价				173.07	248.32	472.14	623.40
其中	人工费（元）			145.80	218.70	437.40	583.20
	材料费（元）			22.46	22.71	22.76	23.12
	机械费（元）			—	—	—	—
	仪器仪表费（元）			4.81	6.91	11.98	17.08
名称		代号	单位	单价（元）	数量		
人工	安装工	1002	工日	145.80	1.000	1.500	3.000	4.000
材料	铜端子6	213120	个	4.550	2.040	2.040	2.040	2.040
	铜芯聚氯乙烯绝缘电线BV-6	214011	m	4.340	2.040	2.040	2.040	2.040
	其他材料费	2999	元	—	4.320	4.570	4.620	4.980
仪器仪表	接地电阻检测仪	4287	台班	14.510	0.050	0.050	0.050	0.050
	其他仪器仪表费	4999	元	—	4.080	6.180	11.250	16.350

工作内容：开箱检验、设备安装、信号源引入、电源引入、调试。　　　　计量单位：台

定额编号					13003005	13003006	13003007
项目名称					网络设备		
					灯光总服务器	编/解码器	2口DMX编/解码器
预算基价					452.49	478.44	198.07
其中	人工费（元）				364.50	364.50	109.35
	材料费（元）				22.46	21.41	24.69
	机械费（元）				—	—	—
	仪器仪表费（元）				65.53	92.53	64.03
名称		代号	单位	单价（元）	数量		
人工	安装工	1002	工日	145.80	2.500	2.500	0.750
材料	铜端子6	213120	个	4.550	2.040	2.040	2.040
	铜芯聚氯乙烯绝缘电线BV-6	214011	m	4.340	2.040	2.040	2.040
	其他材料费	2999	元	—	4.320	3.270	6.550
仪器仪表	光功率计	4059	台班	73.670	0.500	0.500	0.500
	便携式计算机	4311	台班	18.000	—	1.500	—
	接地电阻检测仪	4287	台班	14.510	0.050	0.050	0.050
	示波器	4112	台班	44.240	0.500	0.500	0.500
	其他仪器仪表费	4999	元	—	5.850	5.850	4.350

工作内容：开箱检验设备、设备安装、输入/输出信号线连接、电源线连接、调试。　　计量单位：台

定额编号					13003008	13003009	13003010	13003011
项目名称					网络设备			
					4口DMX编/解码器	6口DMX编/解码器	8口DMX编/解码器	信号放大器
预算基价					233.74	271.73	309.65	191.67
其中	人工费（元）				145.80	182.25	218.70	145.80
	材料费（元）				25.71	26.48	27.26	19.01
	机械费（元）				—	—	—	—
	仪器仪表费（元）				62.23	63.00	63.69	26.86
名称		代号	单位	单价（元）	数量			
人工	安装工	1002	工日	145.80	1.000	1.250	1.500	1.000
材料	铜端子6	213120	个	4.550	2.040	2.040	2.040	2.040
	铜芯聚氯乙烯绝缘电线BV-6	214011	m	4.340	2.040	2.040	2.040	2.040
	其他材料费	2999	元	—	7.570	8.340	9.120	0.870
仪器仪表	光功率计	4059	台班	73.670	0.500	0.500	0.500	—
	示波器	4112	台班	44.240	0.500	0.500	0.500	0.500
	接地电阻检测仪	4287	台班	14.510	0.050	0.050	0.050	0.050
	其他仪器仪表费	4999	元	—	2.550	3.320	4.010	4.010

工作内容：开箱检验设备、设备安装、输入/输出信号线连接、电源线连接、调试。　　计量单位：台

定额编号					13003012	13003013	13003014	13003015
项目名称					网络设备			
					8×2DMX比较器	2×2DMX比较器	离线编辑器	无线手提遥控器
预算基价					247.77	134.41	150.90	73.65
其中	人工费（元）				218.70	109.35	145.80	72.90
	材料费（元）				23.24	21.27	4.20	—
	机械费（元）				—	—	—	—
	仪器仪表费（元）				5.83	3.79	0.90	0.75
名称		代号	单位	单价（元）	数量			
人工	安装工	1002	工日	145.80	1.500	0.750	1.000	0.500
材料	铜端子6	213120	个	4.550	2.040	2.040	—	—
	铜芯聚氯乙烯绝缘电线BV-6	214011	m	4.340	2.040	2.040	—	—
	其他材料费	2999	元	—	5.100	3.130	4.200	—
仪器仪表	接地电阻检测仪	4287	台班	14.510	0.050	0.050	—	—
	其他仪器仪表费	4999	元	—	5.100	3.060	0.900	0.750

第四节　调光硅柜（箱）安装

工作内容：开箱检验、设备安装、加电试验、控制信号线引入、电源连接、调试。　　计量单位：台

定额编号					13004001	13004002	13004003	13004004
项目名称					模拟调光硅箱		数字调光硅箱	
					≤ 6 路	≤ 12 路	≤ 6 路	≤ 12 路
预算基价					1089.33	889.49	943.53	743.69
其中	人工费（元）				1020.60	801.90	874.80	656.10
	材料费（元）				33.00	41.87	33.00	41.87
	机械费（元）				—	—	—	—
	仪器仪表费（元）				35.73	45.72	35.73	45.72
名称		代号	单位	单价（元）	数量			
人工	安装工	1002	工日	145.80	7.000	5.500	6.000	4.500
材料	铜端子 6	213120	个	4.550	2.040	2.040	2.040	2.040
	铜芯聚氯乙烯绝缘电线 BV-6	214011	m	4.340	2.040	2.040	2.040	2.040
	其他材料费	2999	元	—	14.860	23.730	14.860	23.730
仪器仪表	接地电阻检测仪	4287	台班	14.510	0.050	0.050	0.050	0.050
	其他仪器仪表费	4999	元	—	35.000	44.990	35.000	44.990

工作内容：开箱检验、设备安装、控制信号线引入、电源引入、加电试验。　　计量单位：台

定额编号					13004005	13004006
项目名称					≤ 60 路数字调光硅柜	≤ 96 路数字调光硅柜
预算基价					3401.40	5398.01
其中	人工费（元）				3280.50	5248.80
	材料费（元）				52.92	61.87
	机械费（元）				12.50	12.50
	仪器仪表费（元）				55.48	74.84
名称		代号	单位	单价（元）	数量	
人工	安装工	1002	工日	145.80	22.500	36.000
材料	铜端子 6	213120	个	4.550	2.040	2.040
	铜芯聚氯乙烯绝缘电线 BV-6	214011	m	4.340	2.040	2.040
	其他材料费	2999	元	—	34.780	43.730
机械	其他机具费	3999	元	—	12.500	12.500
仪器仪表	接地电阻检测仪	4287	台班	14.510	0.050	0.050
	其他仪器仪表费	4999	元	—	54.750	74.110

工作内容：开箱检验、设备安装、控制信号线引入、电源引入、调试。　　计量单位：台

定 额 编 号					13004007	13004008	13004009
项 目 名 称					吊挂调光器		
					≤ 2 路	≤ 6 路	≤ 12 路
预 算 基 价					157.76	535.13	766.16
其中	人工费（元）				145.80	510.30	729.00
	材料费（元）				1.86	2.73	4.86
	机械费（元）				—	—	—
	仪器仪表费（元）				10.10	22.10	32.30
	名　称	代号	单位	单价（元）	数　量		
人工	安装工	1002	工日	145.80	1.000	3.500	5.000
材料	其他材料费	2999	元	—	1.860	2.730	4.860
仪器仪表	其他仪器仪表费	4999	元	—	10.100	22.100	32.300

第五节　灯 具 安 装

工作内容：开箱检验灯具、安装灯泡、安装灯钩、吊挂灯具、做电源线两端插头、安装保险链、调试。　　计量单位：台

定 额 编 号					13005001	13005002	13005003	13005004
项 目 名 称					聚光灯具	回光灯具	散光灯具	成像灯具
预 算 基 价					122.13	122.13	122.13	158.58
其中	人工费（元）				109.35	109.35	109.35	145.80
	材料费（元）				4.86	4.86	4.86	4.86
	机械费（元）				—	—	—	—
	仪器仪表费（元）				7.92	7.92	7.92	7.92
	名　称	代号	单位	单价（元）	数　量			
人工	安装工	1002	工日	145.80	0.750	0.750	0.750	1.000
材料	灯具	213450	套	—	(1.000)	(1.000)	(1.000)	(1.000)
	其他材料费	2999	元	—	4.860	4.860	4.860	4.860
仪器仪表	色温表	4324	台班	20.000	0.200	0.200	0.200	0.200
	专用照度计	4325	台班	13.000	0.200	0.200	0.200	0.200
	其他仪器仪表费	4999	元	—	1.320	1.320	1.320	1.320

工作内容：开箱检验灯具、安装灯泡、安装吊挂灯钩、连接电源线、焊接控制信号线输入/输出卡侬插头、吊挂灯具、连接保险链、调试。

计量单位：台

定额编号					13005005	13005006	13005007	13005008
项目名称					LED 聚光灯具	LED 长条型灯具	LED 散光灯具	LED 成像灯具
预算基价					122.13	122.13	122.13	158.58
其中	人工费（元）				109.35	109.35	109.35	145.80
	材料费（元）				4.86	4.86	4.86	4.86
	机械费（元）				—	—	—	—
	仪器仪表费（元）				7.92	7.92	7.92	7.92
名称		代号	单位	单价（元）	数量			
人工	安装工	1002	工日	145.80	0.750	0.750	0.750	1.000
材料	灯具	213450	套	—	（1.000）	（1.000）	（1.000）	（1.000）
	其他材料费	2999	元	—	4.860	4.860	4.860	4.860
仪器仪表	色温表	4324	台班	20.000	0.200	0.200	0.200	0.200
	专用照度计	4325	台班	13.000	0.200	0.200	0.200	0.200
	其他仪器仪表费	4999	元	—	1.320	1.320	1.320	1.320

工作内容：开箱检验灯具、安装灯泡、安装吊挂灯钩、连接电源线、焊接控制信号线输入/输出卡侬插头、吊挂灯具、连接保险链、调试。

计量单位：台

定额编号					13005009	13005010	13005011	13005012
项目名称					等离子聚光灯具	等离子成像灯具	等离子换色聚光灯具	等离子换色成像灯具
预算基价					122.13	122.13	122.13	158.58
其中	人工费（元）				109.35	109.35	109.35	145.80
	材料费（元）				4.86	4.86	4.86	4.86
	机械费（元）				—	—	—	—
	仪器仪表费（元）				7.92	7.92	7.92	7.92
名称		代号	单位	单价（元）	数量			
人工	安装工	1002	工日	145.80	0.750	0.750	0.750	1.000
材料	灯具	213450	套	—	（1.000）	（1.000）	（1.000）	（1.000）
	其他材料费	2999	元	—	4.860	4.860	4.860	4.860
仪器仪表	色温表	4324	台班	20.000	0.200	0.200	0.200	0.200
	专用照度计	4325	台班	13.000	0.200	0.200	0.200	0.200
	其他仪器仪表费	4999	元	—	1.320	1.320	1.320	1.320

工作内容：开箱检验灯具、安装灯泡、安装支架、连接镇流器、连接电源线、调试。 计量单位：台

定额编号					13005013	13005014	13005015	13005016
项目名称					追光灯			
					≤ 1200W	≤ 2500W	≤ 3000W	≤ 4000W
预算基价					307.55	380.45	526.25	672.05
其中	人工费（元）				291.60	364.50	510.30	656.10
	材料费（元）				6.95	6.95	6.95	6.95
	机械费（元）				—	—	—	—
	仪器仪表费（元）				9.00	9.00	9.00	9.00
名称		代号	单位	单价（元）	数量			
人工	安装工	1002	工日	145.80	2.000	2.500	3.500	4.500
材料	灯具	213450	套	—	（1.000）	（1.000）	（1.000）	（1.000）
	其他材料费	2999	元	—	6.950	6.950	6.950	6.950
仪器仪表	色温表	4324	台班	20.000	0.200	0.200	0.200	0.200
	专用照度计	4325	台班	13.000	0.200	0.200	0.200	0.200
	其他仪器仪表费	4999	元	—	2.400	2.400	2.400	2.400

工作内容：开箱检验灯具、安装灯泡、安装色纸、连接电源线两端插头、调试。 计量单位：台

定额编号					13005017	13005018
项目名称					灯具	
					四联脚光灯	八联脚光灯
预算基价					89.65	164.95
其中	人工费（元）				72.90	145.80
	材料费（元）				5.95	7.45
	机械费（元）				—	—
	仪器仪表费（元）				10.80	11.70
名称		代号	单位	单价（元）	数量	
人工	安装工	1002	工日	145.80	0.500	1.000
材料	灯具	213450	套	—	（1.000）	（1.000）
	其他材料费	2999	元	—	5.950	7.450
仪器仪表	色温表	4324	台班	20.000	0.250	0.250
	专用照度计	4325	台班	13.000	0.250	0.250
	其他仪器仪表费	4999	元	—	2.550	3.450

工作内容：开箱检验灯具、安装灯泡、安装吊挂灯钩、连接电源线两端插头、吊挂灯具、连接保险链、调试。

计量单位：台

定额编号					13005019	13005020	13005021
项目名称					灯具		
					2管三基色灯	4管三基色灯	6管三基色灯
预算基价					124.50	162.15	236.25
其中	人工费（元）				109.35	145.80	218.70
	材料费（元）				2.55	3.75	4.95
	机械费（元）				—	—	—
	仪器仪表费（元）				12.60	12.60	12.60
名称		代号	单位	单价（元）	数量		
人工	安装工	1002	工日	145.80	0.750	1.000	1.500
材料	灯具	213450	套	—	（1.000）	（1.000）	（1.000）
	其他材料费	2999	元	—	2.550	3.750	4.950
仪器仪表	色温表	4324	台班	20.000	0.250	0.250	0.250
	专用照度计	4325	台班	13.000	0.250	0.250	0.250
	其他仪器仪表费	4999	元	—	4.350	4.350	4.350

工作内容：开箱检验灯具、安装灯泡、安装吊挂灯钩、连接电源线、焊接控制信号线输入/输出卡浓插头、吊挂灯具、连接保险链、调试。

计量单位：台

定额编号					13005022	13005023	13005024	13005025
项目名称					电脑灯（扫描、摇头）			
					≤ 350W	≤ 575W	≤ 1200W	≤ 2500W
预算基价					77.00	114.65	152.20	226.22
其中	人工费（元）				72.90	109.35	145.80	218.70
	材料费（元）				1.55	2.75	3.85	4.97
	机械费（元）				—	—	—	—
	仪器仪表费（元）				2.55	2.55	2.55	2.55
名称		代号	单位	单价（元）	数量			
人工	安装工	1002	工日	145.80	0.500	0.750	1.000	1.500
材料	灯具	213450	套	—	（1.000）	（1.000）	（1.000）	（1.000）
	其他材料费	2999	元	—	1.550	2.750	3.850	4.970
仪器仪表	其他仪器仪表费	4999	元	—	2.550	2.550	2.550	2.550

工作内容：开箱检验灯具、安装灯泡、安装吊挂灯钩、连接电源线，连接控制信号线、吊挂灯具、安装保险链、调试。

计量单位：台

定额编号					13005026	13005027	13005028
项目名称					舞厅灯具		
					16爪鱼电脑灯	吊挂式舞厅灯	底座式舞厅灯
预算基价					376.73	232.13	379.03
其中	人工费（元）				364.50	218.70	364.50
	材料费（元）				1.55	2.75	3.85
	机械费（元）				8.13	8.13	8.13
	仪器仪表费（元）				2.55	2.55	2.55
名称		代号	单位	单价（元）	数量		
人工	安装工	1002	工日	145.80	2.500	1.500	2.500
材料	灯具	213450	套	—	（1.000）	（1.000）	（1.000）
	其他材料费	2999	元	—	1.550	2.750	3.850
机械	其他机具费	3999	元	—	8.130	8.130	8.130
仪器仪表	其他仪器仪表费	4999	元	—	2.550	2.550	2.550

第六节　效果器具安装

工作内容：开箱检验设备、加装烟油、安装吊挂钩、吊挂设备、连接电源线、安装保险链、调试。

计量单位：台

定额编号					13006001	13006002	13006003
项目名称					效果器具		
					烟雾机	干冰烟雾机	泡泡机
预算基价					155.08	227.98	155.08
其中	人工费（元）				145.80	218.70	145.80
	材料费（元）				6.73	6.73	6.73
	机械费（元）				—	—	—
	仪器仪表费（元）				2.55	2.55	2.55
名称		代号	单位	单价（元）	数量		
人工	安装工	1002	工日	145.80	1.000	1.500	1.000
材料	其他材料费	2999	元	—	6.730	6.730	6.730
仪器仪表	其他仪器仪表费	4999	元	—	2.550	2.550	2.550

工作内容：开箱检验设备、加装烟雾剂、泡泡剂、安装吊挂钩、吊挂设备、连接电源线、安装保险链、调试。

计量单位：台

定额编号					13006004	13006005	13006006
项目名称					效果器具		
					雨雪效果器	礼花炮	灯具机械臂
预算基价					155.08	373.78	378.88
其中	人工费（元）				145.80	364.50	364.50
	材料费（元）				6.73	6.73	6.73
	机械费（元）				—	—	—
	仪器仪表费（元）				2.55	2.55	7.65
名称		代号	单位	单价（元）	数量		
人工	安装工	1002	工日	145.80	1.000	2.500	2.500
材料	其他材料费	2999	元	—	6.730	6.730	6.730
仪器仪表	其他仪器仪表费	4999	元	—	2.550	2.550	7.650

第七节　换色器安装

工作内容：开箱检验设备、加电试机、安装设备、焊接控制信号线并连接、连接电源线、安装保险链、调试。

计量单位：台

定额编号					13007001	13007002	13007003	13007004
项目名称					换色器			
					聚光灯	回光灯	散光灯	专用灯具
预算基价					94.64	94.64	94.64	155.51
其中	人工费（元）				87.48	87.48	87.48	145.80
	材料费（元）				4.61	4.61	4.61	4.61
	机械费（元）				—	—	—	—
	仪器仪表费（元）				2.55	2.55	2.55	5.10
名称		代号	单位	单价（元）	数量			
人工	安装工	1002	工日	145.80	0.600	0.600	0.600	1.000
材料	其他材料费	2999	元	—	4.610	4.610	4.610	4.610
仪器仪表	其他仪器仪表费	4999	元	—	2.550	2.550	2.550	5.100

第八节　专用电源盒安装

工作内容：开箱检验设备、接线安装、调试。　　计量单位：台

定额编号					13008001	13008002	13008003	13008004
项目名称					专用电源盒			
					双联	三联	四联	六联
预算基价					76.53	98.65	113.74	151.21
其中	人工费（元）				72.90	94.77	109.35	145.80
	材料费（元）				2.35	2.35	2.35	2.35
	机械费（元）				—	—	—	—
	仪器仪表费（元）				1.28	1.53	2.04	3.06
	名称	代号	单位	单价（元）	数量			
人工	安装工	1002	工日	145.80	0.500	0.650	0.750	1.000
材料	专用电源盒	213475	个	—	（1.000）	（1.000）	（1.000）	（1.000）
	其他材料费	2999	元	—	2.350	2.350	2.350	2.350
仪器仪表	其他仪器仪表费	4999	元	—	1.280	1.530	2.040	3.060

第九节　灯光系统调试

工作内容：分级调试即对灯光系统中采用的设备本身进行输入、输出电信号测试和调整，实现电信号之间匹配或实现信号的之间的地址的设定、混合、选择、放大、切换等功能。它仅对每台设备达到相应指标或功能进行调试、考核。　　计量单位：台

定额编号					13009001	13009002	13009003	13009004
项目名称					控制设备级间调试			
					≤ 5 台	≤ 10 台	≤ 20 台	> 20 台，每增加 5 台
预算基价					1152.17	2239.49	4287.14	1025.26
其中	人工费（元）				1049.50	2057.02	3946.12	944.55
	材料费（元）				—	—	—	—
	机械费（元）				—	—	—	—
	仪器仪表费（元）				102.67	182.47	341.02	80.71
	名称	代号	单位	单价（元）	数量			
人工	调试工	1003	工日	209.90	5.000	9.800	18.800	4.500
仪器仪表	对讲机	4164	台班	1.500	4.000	8.000	16.000	3.000
	便携式计算机	4311	台班	18.000	4.000	8.000	16.000	3.000
	示波器	4112	台班	44.240	0.500	0.500	0.500	0.450
	其他仪器仪表费	4999	元	—	2.550	4.350	6.900	2.300

工作内容：分级调试即对灯光系统中采用的设备本身进行输入、输出电信号测试和调整，实现电信号之间匹配或实现信号的之间的地址的设定、混合、选择、放大、切换等功能。它仅对每台设备达到相应指标或功能进行调试、考核。

计量单位：台

定额编号					13009005	13009006	13009007	13009008
项目名称					调光设备级间调试			
					≤6路硅箱	≤12路硅箱	60路硅柜	96路硅柜
预算基价					169.73	337.95	1221.71	1871.77
其中	人工费（元）				157.43	314.85	1154.45	1784.15
	材料费（元）				—	—	—	—
	机械费（元）				—	—	—	—
	仪器仪表费（元）				12.30	23.10	67.26	87.62
名称		代号	单位	单价（元）	数量			
人工	调试工	1003	工日	209.90	0.750	1.500	5.500	8.500
仪器仪表	光功率计	4059	台班	73.670	—	—	0.200	0.200
	对讲机	4164	台班	1.500	0.600	1.200	4.400	6.500
	示波器	4112	台班	44.240	0.200	0.400	0.750	1.000
	其他仪器仪表费	4999	元	—	2.550	3.600	12.750	18.900

工作内容：分级调试即对灯光系统中采用的设备本身进行输入、输出电信号测试和调整，实现电信号之间匹配或实现信号的之间的地址的设定、混合、选择、放大、切换等功能。它仅对每台设备达到相应指标或功能进行调试、考核。

计量单位：台

定额编号					13009009	13009010	13009011	13009012
项目名称					灯具设备级间调试			
					舞台灯具	电脑灯具	追光灯具	其他设备
预算基价					46.09	67.59	67.59	63.93
其中	人工费（元）				41.98	62.97	62.97	62.97
	材料费（元）				—	—	—	—
	机械费（元）				—	—	—	—
	仪器仪表费（元）				4.11	4.62	4.62	0.96
名称		代号	单位	单价（元）	数量			
人工	调试工	1003	工日	209.90	0.200	0.300	0.300	0.300
仪器仪表	对讲机	4164	台班	1.500	0.200	0.300	0.300	0.300
	色温表	4324	台班	20.000	0.100	0.100	0.100	—
	专用照度计	4325	台班	13.000	0.100	0.100	0.100	—
	其他仪器仪表费	4999	元	—	0.510	0.870	0.870	0.510

第十节 系统调试

工作内容：分系统设备联通、调试、测量记录等。 计量单位：系统

定额编号					13010001
项目名称					系统调试
预算基价					16102.10
其中	人工费（元）				14693.00
	材料费（元）				—
	机械费（元）				—
	仪器仪表费（元）				1409.10
名称		代号	单位	单价（元）	数量
人工	调试工	1003	工日	209.90	70.000
仪器仪表	便携式计算机	4311	台班	18.000	50.000
	对讲机	4164	台班	1.500	60.000
	专用照度计	4325	台班	13.000	11.000
	色温表	4324	台班	20.000	11.000
	其他仪器仪表费	4999	元	—	56.100

第十一节 试 运 行

工作内容：检验系统可靠性及必要的调整测试、资料整理、测试报告编制、移交等。 计量单位：系统

定额编号					13011001
项目名称					试运行
预算基价					9804.60
其中	人工费（元）				9445.50
	材料费（元）				—
	机械费（元）				—
	仪器仪表费（元）				359.10
名称		代号	单位	单价（元）	数量
人工	调试工	1003	工日	209.90	45.000
仪器仪表	便携式计算机	4311	台班	18.000	6.000
	对讲机	4164	台班	1.500	15.000
	专用照度计	4325	台班	13.000	6.000
	色温表	4324	台班	20.000	6.000
	其他仪器仪表费	4999	元	—	30.600

第四章
集中控制系统工程

说明及工程量计算规则

说　明

1．本章主要内容包括：触摸屏、按键面板、主控机、控制模块、其他设备的安装调试和集中控制设备分系统调试、系统调试、试运行。

2．本章定额不包括集控系统软件的编制。

工程量计算规则

1．本章触摸屏、按键面板、主控机、控制模块和其他设备安装，以“台”计算。

2．集中控制设备分系统调试、系统调试、试运行，以“系统”计算。

第一节　触摸屏安装

工作内容：开箱检验、做电缆接头、电源供电和做其他辅助设备连接线、调试。　　计量单位：台

定额编号					14001001	14001002
项目名称					> 5.7″ 真彩触摸屏	
					桌面摆放式	嵌入式
预算基价					33.94	240.06
其中	人工费（元）				14.58	218.70
	材料费（元）				1.00	3.00
	机械费（元）				—	—
	仪器仪表费（元）				18.36	18.36
	名称	代号	单位	单价（元）	数量	
人工	安装工	1002	工日	145.80	0.100	1.500
材料	其他材料费	2999	元	—	1.000	3.000
仪器仪表	便携式计算机	4311	台班	18.000	1.000	1.000
	其他仪器仪表费	4999	元	—	0.360	0.360

工作内容：开箱检验、做电缆接头、电源供电和做其他辅助设备连接线、调试。　　计量单位：台

定额编号					14001003	14001004	14001005
项目名称					5.7″ 真彩触摸屏		3.8″ 彩色触摸屏
					无线单向	无线双向	嵌入式
预算基价					118.71	155.16	80.76
其中	人工费（元）				109.35	145.80	72.90
	材料费（元）				—	—	3.00
	机械费（元）				—	—	—
	仪器仪表费（元）				9.36	9.36	4.86
	名称	代号	单位	单价（元）	数量		
人工	安装工	1002	工日	145.80	0.750	1.000	0.500
材料	其他材料费	2999	元	—	—	—	3.000
仪器仪表	便携式计算机	4311	台班	18.000	0.500	0.500	0.250
	其他仪器仪表费	4999	元	—	0.360	0.360	0.360

工作内容：开箱检验、做电缆接头、电源供电和做其他辅助设备连接线、调试。　　计量单位：台

定额编号					14001006	14001007	14001008
项目名称					PDA 触摸屏无线手持	智能型触摸屏	无线接收器
预算基价					40.32	239.06	79.76
其中	人工费（元）				29.16	218.70	72.90
	材料费（元）				—	2.00	2.00
	机械费（元）				—	—	—
	仪器仪表费（元）				11.16	18.36	4.86
	名称	代号	单位	单价（元）	数量		
人工	安装工	1002	工日	145.80	0.200	1.500	0.500
材料	其他材料费	2999	元	—	—	2.000	2.000
仪器仪表	便携式计算机	4311	台班	18.000	0.600	1.000	0.250
	其他仪器仪表费	4999	元	—	0.360	0.360	0.360

第二节　按键面板安装

工作内容：开箱检验、做电缆接头、电源供电和做其他辅助设备连接线、调试。　　计量单位：台

定额编号					14002001	14002002	14002003
项目名称					按键面板		
					2 ~ 6 键	8 ~ 12 键	>12 键
预算基价					108.02	122.60	152.66
其中	人工费（元）				102.06	116.64	145.80
	材料费（元）				2.00	2.00	2.00
	机械费（元）				—	—	—
	仪器仪表费（元）				3.96	3.96	4.86
	名称	代号	单位	单价（元）	数量		
人工	安装工	1002	工日	145.80	0.700	0.800	1.000
材料	其他材料费	2999	元	—	2.000	2.000	2.000
仪器仪表	便携式计算机	4311	台班	18.000	0.200	0.200	0.250
	其他仪器仪表费	4999	元	—	0.360	0.360	0.360

第三节　主控机安装

工作内容：开箱检验、做电缆接头、电源供电和做其他辅助设备连接线、调试。　　计量单位：台

定额编号					14003001	14003002
项目名称					标准型主控机	
					8串口，1网络口，机架安装，1U	8串口，8红外，8I/O，8继电器，1网络口，机架安装，1U
预算基价					186.75	334.55
其中	人工费（元）				145.80	291.60
	材料费（元）				21.14	23.14
	机械费（元）				—	—
	仪器仪表费（元）				19.81	19.81
名称		代号	单位	单价（元）	数量	
人工	安装工	1002	工日	145.80	1.000	2.000
材料	铜端子6	213120	个	4.550	2.040	2.040
	铜芯聚氯乙烯绝缘电线BV-6	214011	m	4.340	2.040	2.040
	其他材料费	2999	元	—	3.000	5.000
仪器仪表	便携式计算机	4311	台班	18.000	1.000	1.000
	接地电阻检测仪	4287	台班	14.510	0.050	0.050
	其他仪器仪表费	4999	元	—	1.080	1.080

工作内容：开箱检验、做电缆接头、电源供电和做其他辅助设备连接线、调试。　　计量单位：台

定额编号					14003003	14003004	14003005
项目名称					小型主控机		
					1网络口	2网络口	无线网卡型
预算基价					224.99	273.23	229.49
其中	人工费（元）				189.54	233.28	189.54
	材料费（元）				20.14	20.14	20.14
	机械费（元）				—	—	—
	仪器仪表费（元）				15.31	19.81	19.81
名称		代号	单位	单价（元）	数量		
人工	安装工	1002	工日	145.80	1.300	1.600	1.300
材料	铜端子6	213120	个	4.550	2.040	2.040	2.040
	铜芯聚氯乙烯绝缘电线BV-6	214011	m	4.340	2.040	2.040	2.040
	其他材料费	2999	元	—	2.000	2.000	2.000
仪器仪表	便携式计算机	4311	台班	18.000	0.750	1.000	1.000
	接地电阻检测仪	4287	台班	14.510	0.050	0.050	0.050
	其他仪器仪表费	4999	元	—	1.080	1.080	1.080

工作内容：开箱检验、做电缆接头、电源供电和做其他辅助设备连接线、调试。　　计量单位：台

定额编号					14003006	14003007	14003008
项目名称					大型主控机		
					1网络口	2网络口	无线网卡型
预算基价					496.35	578.25	496.35
其中	人工费（元）				437.40	510.30	437.40
	材料费（元）				21.14	21.14	21.14
	机械费（元）				—	—	—
	仪器仪表费（元）				37.81	46.81	37.81
名称		代号	单位	单价（元）	数量		
人工	安装工	1002	工日	145.80	3.000	3.500	3.000
材料	铜端子6	213120	个	4.550	2.040	2.040	2.040
	铜芯聚氯乙烯绝缘电线BV-6	214011	m	4.340	2.040	2.040	2.040
	其他材料费	2999	元	—	3.000	3.000	3.000
仪器仪表	便携式计算机	4311	台班	18.000	2.000	2.500	2.000
	接地电阻检测仪	4287	台班	14.510	0.050	0.050	0.050
	其他仪器仪表费	4999	元	—	1.080	1.080	1.080

工作内容：开箱检验、做电缆接头、电源供电和做其他辅助设备连接线、调试。　　计量单位：台

定额编号					14003009	14003010	14003011
项目名称					接口机		
					4红外，4I/O，4继电器，机架安装，1U	8红外，8 I/O，8继电器，机架安装，1U	12红外，8I/O，16继电器，机架安装，1U
预算基价					249.93	322.83	477.63
其中	人工费（元）				218.70	291.60	437.40
	材料费（元）				21.14	21.14	21.14
	机械费（元）				—	—	—
	仪器仪表费（元）				10.09	10.09	19.09
名称		代号	单位	单价（元）	数量		
人工	安装工	1002	工日	145.80	1.500	2.000	3.000
材料	铜端子6	213120	个	4.550	2.040	2.040	2.040
	铜芯聚氯乙烯绝缘电线BV-6	214011	m	4.340	2.040	2.040	2.040
	其他材料费	2999	元	—	3.000	3.000	3.000
仪器仪表	便携式计算机	4311	台班	18.000	0.500	0.500	1.000
	接地电阻检测仪	4287	台班	14.510	0.050	0.050	0.050
	其他仪器仪表费	4999	元	—	0.360	0.360	0.360

第四节　控制模块安装

工作内容：开箱检验、做电缆接头、电源供电和做其他辅助设备连接线、调试。　　计量单位：台

定额编号					14004001	14004002	14004003
项目名称					调音模块 2 路 /4 路	调光模块	
						≤ 2 路	≤ 4 路
预算基价					80.76	153.66	231.06
其中	人工费（元）				72.90	145.80	218.70
	材料费（元）				3.00	3.00	3.00
	机械费（元）				—	—	—
	仪器仪表费（元）				4.86	4.86	9.36
名称		代号	单位	单价（元）	数量		
人工	安装工	1002	工日	145.80	0.500	1.000	1.500
材料	其他材料费	2999	元	—	3.000	3.000	3.000
仪器仪表	便携式计算机	4311	台班	18.000	0.250	0.250	0.500
	其他仪器仪表费	4999	元	—	0.360	0.360	0.360

工作内容：开箱检验、做电缆接头、电源供电和做其他辅助设备连接线、调试。　　计量单位：台

定额编号					14004004	14004005
项目名称					调光模块	
					≤ 6 路	>6 路每增加 2 路
预算基价					308.46	115.63
其中	人工费（元）				291.60	109.35
	材料费（元）				3.00	2.50
	机械费（元）				—	—
	仪器仪表费（元）				13.86	3.78
名称		代号	单位	单价（元）	数量	
人工	安装工	1002	工日	145.80	2.000	0.750
材料	其他材料费	2999	元	—	3.000	2.500
仪器仪表	便携式计算机	4311	台班	18.000	0.750	0.200
	其他仪器仪表费	4999	元	—	0.360	0.180

工作内容：开箱检验、做电缆接头、电源供电和做其他辅助设备连接线、调试。 计量单位：台

定额编号				14004006	14004007	14004008
项目名称				电源控制模块		
				≤4路	≤8路	>8路，每增加2路
预算基价				153.66	231.06	49.30
其中	人工费（元）			145.80	218.70	43.74
	材料费（元）			3.00	3.00	2.50
	机械费（元）			—	—	—
	仪器仪表费（元）			4.86	9.36	3.06
名称		代号	单位	单价（元）	数量	
人工	安装工	1002	工日	145.80	1.000	1.500	0.300
材料	其他材料费	2999	元	—	3.000	3.000	2.500
仪器仪表	便携式计算机	4311	台班	18.000	0.250	0.500	0.150
	其他仪器仪表费	4999	元	—	0.360	0.360	0.360

第五节 其他设备安装

工作内容：开箱检验、做电缆接头、电源供电和做其它辅助设备连接线。 计量单位：台

定额编号					14005001	14005002	14005003	14005004
项目名称					红外发射棒	触摸屏充电座	触摸屏锂电池	接口卡
预算基价					45.34	43.74	43.74	43.74
其中	人工费（元）				43.74	43.74	43.74	43.74
	材料费（元）				—	—	—	—
	机械费（元）				—	—	—	—
	仪器仪表费（元）				1.60	—	—	—
名称		代号	单位	单价（元）	数量			
人工	安装工	1002	工日	145.80	0.300	0.300	0.300	0.300
仪器仪表	红外学习器	4333	台班	8.000	0.200	—	—	—

第六节　集中控制系统调试

工作内容：1. 即对集控系统中采用的设备本身进行输入、输出信号测试和调整，实现设备之间的地址的设定、功能分配及整合，并对每台设备达到相应指标或功能进行调试、考核。

2. 分系统设备联通、调试、测量、记录等。

定额编号					14006001	14006002
项目名称					设备级间调试（台）	系统调试（系统）
预算基价					717.90	16639.40
其中	人工费（元）				629.70	14693.00
	材料费（元）				—	—
	机械费（元）				—	—
	仪器仪表费（元）				88.20	1946.40
名称		代号	单位	单价（元）	数量	
人工	调试工	1003	工日	209.90	3.000	70.000
仪器仪表	便携式计算机	4311	台班	18.000	0.500	11.000
	对讲机	4164	台班	1.500	3.000	70.000
	局域网电缆测试仪	4275	台班	137.800	0.500	11.000
	红外学习器	4333	台班	8.000	0.500	11.000
	其他仪器仪表费	4999	元	—	1.800	39.600

第七节　试　运　行

工作内容：检验系统可靠性及必要的调整测试、资料整理、测试报告编制等。　　计量单位：系统

定额编号					14007001
项目名称					试　运　行
预算基价					10472.40
其中	人工费（元）				9445.50
	材料费（元）				—
	机械费（元）				—
	仪器仪表费（元）				1026.90
名称		代号	单位	单价（元）	数量
人工	调试工	1003	工日	209.90	45.000
仪器仪表	便携式计算机	4311	台班	18.000	6.000
	对讲机	4164	台班	1.500	15.000
	局域网电缆测试仪	4275	台班	137.800	6.000
	红外学习器	4333	台班	8.000	6.000
	其他仪器仪表费	4999	元	—	21.600

主 编 单 位：工业和信息化部电子工业标准化研究院

参 编 单 位：中国电子科技集团公司第三研究所

北京奥特维科技有限公司

中国通广电子公司

中国艺术科技研究所

广州迪士普音响科技有限公司

天津电视技术研究所

江苏赛杰科技发展有限公司

主要编制人员：薛长立　戴永生　马宏浩　魏　梅　陈建利　刘　芳　雷宁秋　苏培义

钟恭良　曾维坚　余素英　房明轩　高玉龙　吴凤华

审 查 专 家：王元光　王海宏　白洁如　王中和　吴佐民　刘　智　刘宝利　董士波

黄琦玲　罗廷菊　佟一文　魏晓东　朱承海　赵　珍　常海霞　孙　雷

贾致杰　黄守峰